U0325039

事故不难防
重在守规章

Shigu Bunanfang Zhongzai Shouguizhang

刘正天 杜正梅 和景旗 杨建国 陆明圻◎著

最大祸根是失职，最大隐患是违章；
遵章是幸福的保障，违纪是灾祸的开端。
汲取惨痛教训，增强防范意识，严守规章制度，提高预防事故的能力，
杜绝事故的发生、时刻牢记：事故不难防，重在守规章！

中国言实出版社

图书在版编目(CIP)数据

事故不难防　重在守规章/刘正天等著. — 北京：
中国言实出版社，2012.12

ISBN 978-7-5171-0040-9

Ⅰ. ①事… Ⅱ. ①刘… Ⅲ. ①安全生产—规章制度
Ⅳ.①X93

中国版本图书馆 CIP 数据核字(2012)第 293180 号

责任编辑：李　生　孙法平

出版发行　中国言实出版社

地　　址：北京市朝阳区北苑路 180 号加利大厦 5 号楼 105 室

邮　编：100101

电　话：64966714(发行部)　51147960(邮　购)

64924853(总编室)　64963106(二编部)

网　址：www.zgyscbs.cn

E-mail：zgyscbs@263.net

经　　销　新华书店

印　　刷　北京市德美印刷厂

版　　次　2013 年 4 月第 1 版　2013 年 4 月第 1 次印刷

规　　格　710 毫米×1000 毫米　1/16　14.75 印张

字　　数　208 千字

定　　价　32.00 元　　ISBN 978-7-5171-0040-9

前　言

　　事故是安全的敌人，是损失的源头，更是伤亡最大的祸根！一次事故就是一次惨烈的伤亡，一次事故就有一次重大的损失；只要发生事故，就免不了伤亡，就少不了损失。违章也是伤亡和损失最直接的源头，最大的祸根。有事故就会有损失，有事故就会有伤亡，有事故就不可能有安全！所以，要保障安全，关键的关键在于消灭事故、杜绝事故、根除事故，消除一切事故的隐患，绝不让任何哪怕极为微小的事故发生。

　　但是，我们也看到，事故却屡禁不止，总在发生，各种各样的事故层出不穷：爆炸事故、物体打击事故、车辆伤害事故、机械伤害事故、起重伤害事故、触电事故、淹溺事故、灼烫事故、火灾事故、高处坠落事故、坍塌事故、透水事故、放炮事故、中毒和窒息事故……数不胜数，有些甚至是重大的群死群伤事故！为什么事故总是不断发生、屡禁不止呢？难道事故就不能杜绝吗？

　　当然不是！

　　根据事故管理理论和现代安全研究表明，一切事故都是可以预防的。但为什么事故却一而再、再而三地发生，屡抓不止、屡禁不绝呢？追根究底，在于我们没有遵守规章，没有从根本上杜绝违章！

　　据国家安监局统计，在所有发生的事故中，有80%以上的事故都是因为违章。孙家湾煤矿事故、南丹透水事故、武汉电梯事故、新疆阜康爆炸事故……有几起不是因为违章而引发的？"违章操作等于自杀，违章指挥等于杀人"，这样经典的警语足以证实，违章是生命和安全最大的敌人，是伤亡和损失最大的祸根，是幸福和快乐最凶顽的杀手，也是希望和未来最无情的终结者。

　　"十次事故九次违章"，违章正是事故发生的最大原因。要想消除事故，杜绝伤亡和损失，就只有守规章，严格按照安全规程办事。只有我们真正把规章制度、操作规程当成生命之友,安全之伞,真正把消除事故、保障安全当成我们的首要使命,才能真正实现安全生产。

事故不难防,重在守规章。只要切切实实做到守规章,严格按照操作规程操作,认真严肃地对待制度和纪律,任何时候都自觉自律,绝不越规逾矩,实实在在地以安全规程为指导,以操作制度为准绳,以劳动纪律为约束,认认真真查找一切可能存在的隐患,自觉自愿地做好事故预防工作,不因抢时间而忽视、忘记安全生产规程;不心存侥幸,麻痹大意;不逞强好胜,胆大妄为,而是谨守规矩,不越雷池半步,坚决杜绝任何违章行为,事故就失去了生长的土壤,就不可能发生,防范事故也就成为了可能。

本书从防范事故、遵守规章这个主题出发,全面介绍了严守规章、防范事故的方法和技巧,对于各种违章行为作了深刻剖析,不仅深入阐述了一切事故都是可以预防的理论,并对各种事故的预防方法和技巧也作了详细介绍;同时通过大量生动具体的案例,全面、深入地探讨了如何提高遵章守纪意识、增强事故预防能力,全面杜绝违章行为、彻底消除安全事故的方法和技能。本书是广大员工严守规章、自觉自律、清除安全隐患、彻底杜绝安全事故的最佳教育读本,也是提升员工安全意识、增强安全技能的参考指导。

由于作者水平有限,加之篇幅所限,难以面面俱到,错漏甚或谬误之处也在所难免,敬望读者批评指正。

目　录
Contents

第一章　祸因事故起，事故是安全最大的敌人

　　事故是安全最大的敌人，这不是危言耸听，而是事实。不管是生产、经营还是生命和财产的安全，一切祸患和损失都是由事故引起。不出事故一切都好，一出事故一切归零。事故就是损失最大的源头，是伤亡最大的祸根，是安全最大的敌人！要减少损失、杜绝伤亡，就必须首先打败事故这个敌人，从杜绝事故开始。

第二章　没有制度就没有安全，用制度打造事故预防的"防护网"

　　古人云："没有规矩，不成方圆。"安全生产也是一样。没有规矩就没有方圆，没有制度就没有安全，严格规范的安全制度是安全的防护网。只有建立健全安全生产和事故预防的相应制度、规章，约束和规范员工的安全行为，保证安全操作，才能避免事故，安全才有保障。

第三章　十次事故九次违章,杜绝事故必须根除违章

　　常言道,十次事故九次违章,有90%以上的事故都是因为违章导致的,可见违章违纪是事故最大的源头。所以,要杜绝事故,减少伤亡和损失,最为重要的,就是根除违章。

第四章　负起安全责任,责任心是防范事故最有效的保证

　　责任是安全的前提,安全责任至高无上,安全责任重于泰山。说到底,安全就是一个责任心的问题。负起责任就能保证安全,不负责任就会失去安全。高度的责任心才是防范事故最有效的保证,才是安全最基本的前提。只有每一个员工都负起自己的责任,谨遵规章,严守制度,才能防范事故,保障安全。

第五章　重视安全细节,掐灭引发事故的"导火线"

安全在于细节,细节决定成败。在安全工作中,细节比任何地方都更为重要。很多时候,一个细节注意不到,就可能出大事故,一个小失误没能整改,就会变成大事故。所以,抓安全绝不能忽略细节,就不要怕"小题大做",只有从细节着手,从小处用心,扎扎实实把每一个安全细节做好,才能斩断事故的"导火线",消除事故的"绊脚石",才能真正消除事故,保证安全。

第六章　养成安全好习惯,安上事故预防的"避雷针"

当安全生产成为一种需要、一种习惯时,就表明你已经有了好的行为习惯,这样,就会为我们创造出一个和谐而安全的工作和生活环境;有了好的行为习惯,就不至于徘徊在危险边缘;有了好的习惯,就会让不幸远离,让惨剧远离,让各种事故远离。

第七章　掌握事故预防要点，把事故消灭在萌芽之前

古语说：凡事预则立，不预则废。在防范事故中，这更是一条颠扑不破的真理。现代事故防范理论也表明：一切事故都是可以预防的，关键是做好预防事故的措施。所以，掌握事故预防的要点，在事故发生之前消除一切可能会引发事故的因素，把事故消除在萌芽之前，是预防事故、杜绝事故的关键措施。

第八章　不放过任何隐患，隐患不除事故不绝

隐患是安全的天敌，是事故的元凶。正是大量安全隐患的存在，为安全事故的发生埋下了伏笔。安全生产的核心是预防事故、杜绝事故。而杜绝事故、预防事故的核心就在于查找隐患、消除隐患，不仅是一些机器设备的隐患，更需要消除我们行为上的隐患，做到不违章、不违纪。隐患不除，事故不绝；如果隐患消除，则安全必然有了保障。

第九章　事故不难防,只要守规章

　　事故其实并不难防,只要守规章。为什么？因为规章制度、操作规程、劳动纪律都是经过无数次血的教训汇集而成的经验,只要严格遵守,谨慎执行,是完全可以防事故于未然,把一切损失和伤亡都消灭于无形。所以,对于员工而言,要安全,要杜绝事故,关键的关键,就在于守规章!

附　录

第一章

祸因事故起，事故是安全最大的敌人

事故是安全最大的敌人，这不是危言耸听，而是事实。不管是生产、经营还是生命和财产的安全，一切祸患和损失都是由事故引起。不出事故一切都好，一出事故一切归零。事故就是损失最大的源头，是伤亡最大的祸根，是安全最大的敌人！要减少损失、杜绝伤亡，就必须首先打败事故这个敌人，从杜绝事故开始。

1.

事故是安全生产最大的敌人

事故是什么？事故就是导致伤害和损失的不正常状态。在安全管理上，它的定义是指造成死亡、疾病、伤害、损坏或其他损失的意外情况。生产安全事故是指职业活动或有关活动过程中发生的意外突发性事件的总称，通常会使正常活动中断，造成人员伤亡或财产损失。是生产经营单位在生产经营活动（包括与生产经营有关的活动）中突然发生的，伤害人身安全和健康，或者损坏设备设施，或者造成经济损失的，导致原生产经营活动（包括与生产经营活动有关的活动）暂时中止或永远终止的意外事件。

事故有大有小，有伤亡有不伤亡，但是任何事故都是会造成损失的，哪怕就是微小的只停产一会儿的事故，也同样会造成损失，更别说大事故了。

2000 年 11 月 28 日，河南省某化肥厂机修车间，1 号 Z35 摇臂钻床因全厂设备检修，加工备件较多，工作量大，人员又少，工段长派女青工宋某到钻床协助主操作工干活，往长 3 米直径 75 毫米×3.5 毫米不锈钢管上钻直径 50 毫米的圆孔。

28 日 10 时许，宋某在主操师傅上厕所的情况下，独自开床，并由手动进刀改用自动进刀，钢管是半圆弧形，切削角矩力大，产生反向上冲力，由于工具夹（虎钳）紧固钢管不牢，当孔钻到 2/3 时，钢管迅速向上移动而脱离虎钳，造成钻头和钢管一起作 360 度高速转动，钢管先将现场一长靠背椅打翻，再打击宋某臀部并使其跌倒,宋某头部被撞伤破裂出血,缝合5针,骨盆严重损伤。

2008年8月20日21时许,某生产制造公司冲压分厂备料车间班长狄某,分配剪切工陈某与另外两名员工在1067剪床作业。23时10分,陈某打算多生产三张料再结束今天的生产工作,当剪到最后第二张料时,陈某踩下脚踏开关,刀架却不下落,检查后发现电磁铁动铁心与离合器拉杆之间的连接销脱落,就蹲到机床下用双手拉拉杆,剪下这张料。当最后一张料放到机床上后,陈某又蹲到机床下用手拉拉杆,这时因陈某的衣服没系扣子,衣角被齿轮卷住,陈某忙用手去拉衣襟,右手被带入两齿轮之间将手挤伤。造成右手食指一节半、中指两节半、无名指和小指各三节被齿轮挤掉,右小臂尺骨骨折。

2009年1月9日6时40分许,位于长沙县黄花镇黄花工业园财富大道25号的湖南松源化工有限公司松油醇车间发生火灾。火灾烧毁一批厂房设备,烧损建筑面积270平方米,造成直接经济损失48.87万元。

事故是安全生产最大的敌人,安全最怕的就是事故,最恨的也是事故,最需要我们认真防范、彻底杜绝的也是事故!事故就是安全最大的敌人!事故不仅会造成人员伤亡或财产损失,造成生产经营活动停滞,严重的甚至还会破坏社会稳定。所以,要安全就一定要防事故,不管是大事故还是小事故。

事故多种多样,根据《生产安全事故报告和调查处理条例》,按伤亡程度和损失大小,把事故划分为特别重大事故、重大事故、较大事故和一般事故4个等级。

特别重大事故,是指造成30人以上死亡,或者100人以上重伤,或者1亿元以上直接经济损失的事故。

重大事故,是指造成10人以上30人以下死亡,或者50人以上100人以下重伤,或者5000万元以上1亿元以下直接经济损失的事故。

较大事故,是指造成 3 人以上 10 人以下死亡,或者 10 人以上 50 人以下重伤,或者 1000 万元以上 5000 万元以下直接经济损失的事故。

一般事故,是指造成 3 人以下死亡,或者 10 人以下重伤,或者 1000 万元以下直接经济损失的事故。其中,事故造成的急性工业中毒的人数,也属于重伤的范围。

按我国国家标准《企业职工伤亡事故分类》(GB6441—86),将伤亡事故分为以下 20 类:

(1)物体打击:是指失控物体的重力或惯性力造成的人身伤害事故。例如:砖头、工具从建筑物等高处落下,打桩、锤击造成飞溅等都属于此类伤害,但不包括因爆炸引起的物体打击。

(2)车辆伤害:包括机动车辆在行驶中的挤、压、撞车或倾覆等事故,以及在行驶中上下车、搭乘矿车或放飞车、车辆运输挂钩事故,跑车事故。

(3)机械伤害:指由运动中的机械设备引起伤害的事故。例如工件或刀具飞出伤人;切屑伤人;手或身体被卷入;手或其他部位被刀具碰伤;被转动的机构缠住等。

(4)起重伤害:指从事起重作业时引起的机械伤害事故。适用各种起重作业。例如:起重作业时,脱钩砸人,钢丝绳断裂抽人,移动吊物撞人,绞人钢丝绳或滑车等伤害。同时包括起重设备在使用、安装过程中的倾覆事故及提升设备过卷、礅罐等事故。

(5)触电:指电流流经人体,造成生理伤害的事故。例如:人体接触带电的设备金属外壳,裸露的临时线,漏电的手持电动工具;起重设备误触高压线或感应带电;雷击伤害;触电坠落等事故。

(6)淹溺:指人落入水中,水侵入呼吸系统造成伤害的事故。

(7)灼烫:指因接触酸、碱、蒸汽、热水或因火焰、高温、放射线引起的皮肤及其他器官、组织损伤的事故。不包括电烧伤以及火灾事故引起的烧伤。

(8)火灾:指造成人身伤亡的企业火灾事故。

(9)高处坠落:指人由站立工作面失去平衡,在重力作用下坠落引起的伤害事故。但排除以其他类别为诱发条件的坠落。例如:高处作业时,因触电失足坠落应定为触电事故,不能按高处坠落划分。

(10)坍塌:指建筑物、构筑物、堆置物等倒塌以及土石塌方引起的伤害事故。例如:建筑物倒塌,脚手架倒塌,挖掘沟、坑、洞时土石的塌方等事故。不包括矿山冒顶片帮事故或因爆炸、爆破引起的坍塌事故。

(11)冒顶片帮:指矿井工作面、巷道侧壁由于支护不当、压力过大造成的坍塌,称为片帮;顶板垮落称为冒顶。二者同时发生,称为冒顶片帮。

(12)透水:指矿山、地下开采或其他坑道作业时,意外水源造成的伤亡事故。

(13)放炮:指施工时,放炮作业造成的伤亡事故。例如采石、采矿、采煤、开山、修路、拆除建筑物等工程进行的放炮作业引起的伤亡事故。

(14)瓦斯爆炸:指可燃性气体瓦斯、煤尘与空气混合形成了浓度达到爆炸极限的混合物,接触火源时,引起的化学性爆炸事故。

(15)火药爆炸:指火药与.炸药在生产、运输、贮藏的过程中发生的爆炸事故。

(16)锅炉爆炸:指锅炉发生的物理性爆炸事故。

(17)容器爆炸:指压力容器破裂引起的气体爆炸,即物理性爆炸,包括容器内盛装的可燃性液化气,在容器破裂后,立即蒸发,与周围的空气混合形成爆炸性气体混合物,遇到火源时产生的化学爆炸。

(18)其他爆炸:凡不属于上述爆炸的事故均列入其他爆炸。

(19)中毒和窒息:中毒是指人接触有毒物质引起的人体急性中毒事故,例如:误食有毒食物,呼吸有毒气体;窒息是指因为氧气缺乏,发生突然晕倒,甚至死亡的事故,又例如:在废弃的坑道、竖井、涵洞、地下管道等不通风的地方工作,发生的伤害事故。两种现象合为一体,称为中毒和窒息事故。

(20)其他伤害:凡不属于上述伤害的事故均称为其他伤害。例如:扭伤、跌伤、冻伤、野兽咬伤、钉子扎伤等。

当然,事故还可以根据发生的行业不同,而分为煤矿事故、金属与非金属矿事故、工商企业(建筑业、危险化学品、烟花爆竹)事故、火灾事故、道路交通事故、水上交通事故、铁路运输事故、民航飞行事故、农业机械事故、渔业船舶事故、其他事故等。

如果按事故的伤害程度,还可分为轻伤事故、重伤事故、死亡事故:

①轻伤事故,指受伤害或中毒者暂时性失去工作能力的生理功能;

②重伤事故,指受伤者永久性部分或全部丧失工作生理功能,如受伤

者的肢体和某些器官不可逆丧失的事故；

　　③死亡事故，指受害者立即或受重伤后在一个月内死亡的事故。

　　如此众多的各种各样的事故，都是安全的大敌，都是需要我们全面防范、坚决杜绝的。事故繁多，成为近些年所有企业和员工的共同感受。爆炸、交通事故、违章事故、生产事故、伤害事故……数不胜数，每一次事故，都会带来或大或小的灾难；每一次事故，都会给安全生产带来极大的冲击；每一次事故，都免不了有损失、有伤亡、有悲伤、有泪水……事故的发生，不论是对于个人、对于家庭、对于企业还是对于国家、对于社会，都是巨大的损失。对于一个企业来讲，其损失是惨重的，尤其是重大安全事故对企业的损失更大。可对于一个家庭来讲，不是能用损失来衡量的，它是一场无法弥补的灾难，是永远挥之不去的噩梦，是永无尽头的伤痛！父母失去儿子、妻子失去丈夫、子女失去父亲、情侣失去爱人……

　　事故就是安全的大敌，有事故就绝不会有安全，要安全就必须消灭事故！

2.

一切损失都是由事故引起

　　不论大事故还是小事故，不出事故一切都好，一出事故，损失和伤亡就在所难免。有事故就有损失，大事故大损失，小事故小损失。其实要真正算起来，一切损失都是由事故引起，只有没有事故才没有损失。人员的损失、设备的损失、财产的损失、质量的损失、信誉的损失……只要有事故，就一定少不了损失。有些损失，我们还可以弥补，而且些损失，却永远弥补不回来的。

　　2011 年 5 月 21 日，中原石油勘探局一名司钻在起钻时，因

违反操作规程,造成 3 人死亡;

2011 年 6 月 28 日,洛阳石化当班职工因违反工厂纪律造成了工厂大火,6 人死亡,10 人受伤,造成数亿元经济损失。

2001 年 7 月 3 日 10 时,威海乳山市王家口采石场的起重机倒塌,造成 5 人死亡,1 人重伤,1 人轻伤。

2005 年 4 月 25 日,日本兵库县尼崎市,一列由宝冢驶往学研都市线的快速列车,因驾驶欲追回误点时刻而来不及在弯道上减速造成出轨,列车与一辆车相撞后,冲入一座住宅大厦,造成第一车厢与第二车厢全毁。由于第一车厢为女性专用车厢,因此死亡的 107 人中女性占较为多数,另有 555 人受伤。

这样的事故一起连着一起,仅今年前八个月,石化系统就发生了 36 起重大安全事故,这些事故无一不是因为违章操作造成的,无一不让人心惊肉跳,惋惜悲痛。说到底,所有这些损失和伤害都是事故造成的。如果不发生这些事故,也就不会造成这些无法弥补的损失。

每一起灾难都催人肠断,每一次事故都牵动人心。有事故就有伤亡,有事故就有损失,而且是惊人的损失:

2001 年 7 月 17 日,广西南丹县大厂矿区龙泉矿冶总厂拉甲坡矿的特大透水事故,死亡 81 人,直接经济损失 8 千余万元;

2005 年 2 月,辽宁孙家湾煤矿特大瓦斯爆炸事故遇难 214 人,直接经济损失 4968.9 万元;

2007 年 12 月 5 日,山西省临汾市洪洞县瑞之源煤业有限公司发生特别重大瓦斯爆炸事故,造成 105 人死亡,直接经济损失 4275 万元;

2008 年 4 月 28 日,胶济铁路发生一起列车脱轨、相撞特别重大交通事故,造成 72 人死亡、416 人受伤,直接经济损失 4192 万元;

2008 年 6 月 13 日,山西省安信煤业有限公司井下发生特别重大炸药爆炸事故,造成 35 人死亡,直接经济损失 1291 万元;

2008年9月8日,山西省临汾市襄汾县新塔矿业有限公司980沟尾矿库发生特别重大溃坝事故,造成277人死亡、4人失踪、33人受伤,直接经济损失9619万元;

2008年9月20日,黑龙江省鹤岗市兴山区富华矿业有限公司发生特别重大火灾事故,死亡31人,直接经济损失1565万元;

……

每一起重大事故,不仅有重大的人员伤亡损失,同样有惊人的经济损失。这样的损失,毫无疑问会对职工个人,对家庭、对企业、对社会,都造成巨大的负面的影响,阻碍着社会经济的发展。

中国近年矿难、交通事故、食品安全事故等频发,中国目前处于第五次安全事故频发期,安全生产形势也十分严峻。据资料显示,全国平均每天发生7起一次死亡3人以上的重大事故,每3天发生一起一次死亡10人以上的特大事故,每个月发生一起一次死亡30人以上的特别重大事故。从近年的平均统计数据看,中国每天各类事故造成300人丧生,另外每年约70万人患各种职业病,受职业危害的职工在2500万人以上。每年因事故造成70多万人伤残,给近百万个家庭带来不幸,经济损失达3000多亿元。其每年的经济损失相当于两个三峡工程。

每年的安全事故经济损失相当两个三峡工程!

这是多么惊人的损失!我们知道,耗资巨大的三峡工程历时17年,预算投资是2039亿元,两个三峡工程,就是4000多亿元!如果平摊到每一个公民身上,也会有300多元!而这还不过是一年的安全事故损失!事故年年有,损失年年增,一年又一年,算一算,我们仅仅因为安全事故,损失了多少,毫无疑问,那将是一个会吓退任何人的天文数字!

重大事故的发生,不但给国家和人民造成重大经济损失,还会带来一系列严重的社会负面影响;不但使员工白白丧失宝贵生命,还会使逝者父母、配偶和儿女陷入无尽悲伤,从此失去生活的精神寄托和物质保障,其至导致家庭的痛苦离散。

事故造成的损失，绝不是靠单纯的经济数据就可以描述尽净的。当那些事故的始作俑者，面对大桥崩坍、钢水倾覆、矿井爆炸、隧道塌顶的惨烈场面，眼看着作业人员被冲走、被烧焦、被掩埋，眼看着国家、集体和个人蒙受巨大的经济损失，他们会作何感想，又将如何面对呢？想必无论是出于良心发现，还是出于其他什么，都一定会后悔万分吧。可早知今日，何必当初呢？对安全工作的渎职，对他人生命的漠视，其后果必将导致事故的发生。

事故就是损失的源头。这些损失包括资产损失、停工损失、人员伤亡及补偿、补充损失、安全环境事故处理损失、事故直接经济损失、间接经济损失等。如果没有事故，则这一切都不会有损失，这一切都将会顺理成章地成为企业的利润，成为员工的福利。而一旦发生事故，这一切都会转瞬而逝。所以，对于企业工作人员来说，要减少损失就务必杜绝事故，务必遵章守纪，规范操作，不越规不逾矩，认真负责，保证安全，杜绝事故。

3.

事故是伤亡最大的祸根

事故不仅是损失最大的源头，更是伤亡更大的祸根。有几次伤亡不是因为事故而发生？那些花一般美好的灿烂的生命，又有几次不是因为事故而忽然殒灭？工伤事故、爆炸事故、交通事故、违章违纪事故……伤亡总是和事故紧紧地连在一起。

1990年3月12日7时56分，甘肃省酒泉市酒泉钢铁公司一号炉一起喷焦事故。由于红焦和热浪的灼烫、倒塌物的打击及煤气中毒，造成19名工人死亡，10人受伤。

　　1998年1月24日19时31分,辽宁阜新矿务局王营煤矿北翼121采区2102综采放顶煤工作面在安装过程中发生特别蜜大瓦斯爆炸事故,死亡78人,受伤7人,

　　2001年7月17日发生在广西南丹县大厂矿区龙泉矿冶总厂拉甲坡矿的特大透水事故,这是一起因南丹县大厂矿区非法开采,以采代探,乱采滥挖,矿业混乱,违章爆破引发特大透水的重大责任事故,造成81名矿工死亡;

　　2002年6月20日,黑龙江鸡西煤矿发生特大瓦斯爆炸事故,115名矿工遇难;

　　2003山西"3·22"特大瓦斯爆炸事故截止到26日9时,山西吕梁地区孝义市驿马乡孟南庄煤矿已经发现62人遇难,10人下落不明;

　　2003年1月,江西丰城建新煤矿特大瓦斯爆炸事故致49人员遇难;

　　2004年10月,河南大平煤矿因"特大型煤与瓦斯突出"而引发特大瓦斯爆炸事故,遇难矿工达14人;

　　2004年11月20日,河北沙河铁矿发生特大火灾事故,70人遇难;

　　2004年11月,陕西铜川陈家山煤矿特大瓦斯爆炸事故死亡矿工166人;

　　2005年2月,辽宁孙家湾煤矿特大瓦斯爆炸事故,遇难214人,造成直接经济损失4968.9万元;

　　2005年3月,山西朔州平鲁煤矿特大瓦斯爆炸事故,遇难72人;

　　2005年7月,新疆阜康神龙煤矿特别重大瓦斯爆炸事故遇难83人;

　　2005年2月14日,辽宁省阜新市煤矿矿难213人死亡1人失踪;

　　2009年5月17日下午,湖南株洲市区红旗路一高架桥发生坍塌事故,确认9人死亡,17人受伤,另外还有包括一辆公交车在内的22台车被压;

2009 年 6 月 5 日 8 时 25 分许,成都北三环附近一辆 9 路公交车发生燃烧,致 27 人遇难、72 人受伤的惨案;

2011 年 7 月 23 日,甬温线动车事故,近 40 人死亡,176 人受伤;

……

俗话说:人命关天。这看似一串串冰冷的数据,实际上却是一个个鲜活的生命。面对如此惨烈的伤亡,我们无法不痛心疾首。然而我们列出的数据不过是近年来发生的重大安全事故的冰山一角,每年发生的各种伤亡事故多如牛毛,数不胜数。资料显示,仅 2007 年,全国事故总量 50 万起,平均每天 1387 起,因事故死亡平均一天 278 人;2007 年发生重特大事故 86 起,平均 4.2 天就发生一起;生产亿元 GDP,死亡率是先进国家的 10 倍。平均每天死亡 278 人,其中包括交通事故、火灾、抢劫、意外、生产事故等众多方面……

事故就是伤亡最大的祸根!只要发生事故,就无法避免伤亡。即便是最小最小的事故,也会造成惊吓,影响心理。稍大一点的事故,就免不了会有轻伤、重伤的情况,再大一些的事故,伤亡就不可避免。所以,防范事故,才能保障安全,才是减少伤亡的唯一办法。

4.

不出事故一切安全,一出事故万事成空

可见,有事故就不可能有安全,要安全就一定不能出事故,因为一出事故就会毁灭一切,就会一切归零,甚至万事成空。这样的事例屡见不鲜:2008 年的"三鹿"毒奶粉事件发生后,正发展得如日中天的"三鹿"集团应声倒下,上至董事长、下至鲜奶供应商,全部依法担责被投入狱,整个三鹿集团也就此倒下，再也没能站起来。

三鹿是国内最大的奶粉产销企业，2007 年三鹿年销售收入是 100 亿元，在 31 个省、市，600 多个地市均设有经营部，在每个县城都建立有直销点；三鹿的销售网点是庞大的，其在一二类超市的网点数量高达 4 万多个。此外，三鹿总资产为 16.19 亿元，员工数近 2 万人，在国内有 13 个工厂，拥有年产奶粉 25 万吨和液态奶 8 万吨的产能。但是，这样一个奶业的龙头企业，却因为另外一种安全事故而轰然倒下。

2008 年 6、7 月间。甘肃、安徽、湖南、河南、江西和湖北等地发现多起婴儿患肾结石的病例，患儿均为一岁以内的婴儿。9 月 12 日，经国家卫生部调查，这些病例是由于患儿食用了三鹿集团生产的三鹿牌婴幼儿配方奶粉所致，卫生部在抽检的三鹿奶粉中发现了一种叫做"三聚氰胺"的化学品。这种物品添加到牛奶中以后，可将牛奶中的蛋白质含量提高，造成牛奶质量高的假象。但这种物质食用后会造成肾结石、急性肾衰竭，继而引发死亡。截止到 2009 年 1 月 9 日，全国累计报告患儿近 29.6 万人。事件造成 2 名婴儿死亡。各地公安机关共立案侦查与三鹿奶粉事件相关的刑事案件 47 起，抓获犯罪嫌疑人 142 名，逮捕60 人。2008 年 12 月，三鹿宣告破产。

三鹿倒下了。这个价值曾高达 150 亿元，连续 6 年入选中国企业 500 强，家喻户晓的中国知名的大型乳品企业集团，在毒奶粉事件后，彻底破产。

这是大型企业，一些中小型企业，因为安全事故而破产的事情就更多了。

1994 年 6 月 22 日，天津市铝材厂重大爆炸事故，造成 10 人死亡，8 人重伤，57 人轻伤，直接经济损失达 934.1 万元。因为事故之后漫长的停工期，生产中断，产业链受损，加之沉重的安全善后负担，人心浮躁，在苦苦支撑两年后，这家老字号的国有企业不得不沉痛地宣布破产。这也是国内第一家因为安全事故而破产的企业。

2009年上半年，某市就有两家企业因为安全事故而破产：两家企业虽然不是同一个安全事故，但毕竟也都是因为安全问题而破产。这两家企业都是因为出了安全事故造成人员伤亡，加上安全部门的处罚，使企业资不抵债而倒闭。

其中一家企业是因为航吊早就存在安全隐患，老板总存有侥幸心理不愿意投资整改，日复一日年复一年，航吊终于不堪重负而垮塌，造成一死一伤的后果，赔偿死者家属60万，加上安葬费10万，再加上罚款20万，加上给伤者治疗费，一共需要100多万！如果再想恢复生产就要重新建造航吊，这需要30万。搁在平时100多万也可以筹集，但处于现在的精神压力下很难东风再起。

另一家小企业更惨，在送货到工地的时候安装工人坐在了货车上，送货车出了交通事故翻车，导致四死三伤的惨剧。客货混装小孩子都知道危险，可是当时老板就为省几个客车费用，把安全抛在了一边。最后家属闹事，企业停产，漫无休止的谈判和赔偿，老板实在无力回天，只能申请破产，分文不剩地回了老家。

要是没有事故，没有伤亡，没有损失，也许这两家企业还正在蒸蒸日上，老板正在踌躇满志地计划着明天吧？但是一出事故，一切都没了！壮志、雄心、前途、未来，一切都变成空！

对于个人更是如此，不出事故一切都好，一出事故，万事皆休，万事皆空。不论是对普通的工人，还是名人、明星，都是如此：

2000年1月30日凌晨6时，曾在电视剧《还珠格格》中扮演"香妃"、深受观众喜爱的青年演员刘丹从深圳赶往汕头准备登台时，在广深高速公路深圳机场路段，她所乘的汽车在深汕高速公路上突然急煞车，疑因车门没有关好，刘丹被抛出公路，被后来的车辆辗过，当场死亡，年仅26岁。《还珠格格》中的"香妃"一角被刘丹演绎得淋漓尽致，她也因而成为家喻户晓的电视明星,如果没有那场车祸她说不定跟赵薇、范冰冰一样红,或者说比她俩还红。然而,在从广州到深圳的高速公路上,意外的车祸,使这颗人气急升的新星在睡梦中突然陨落,再也没有了发展的机会。

1993年6月24日,红极一时的中国香港殿堂级摇滚乐队Beyond乐队在日本东京演出时,主唱兼节奏吉他手黄家驹,因为舞台蹋陷使其坠落,他头部着地伤势严重,最终于6月30日在东京去世,终年31岁。自此以后,Beyond乐队再也没能崛起如当初,只是永远地留在了歌迷的记忆中。

同样从舞台跌落而受伤、毁灭了一生的梦想的还有著名舞蹈演员刘岩。2008年7月28日,离奥运会开幕只有十天了,奥运开幕式的彩排正在举行,由刘岩表演的独舞节目《丝路》以其独特的创意吸引现场观众的眼球,然而忽然之间,因为配合上的一秒之差,刘岩从3米高的跳台上坠落地下,当场昏厥……医生的诊断是第十二胸椎严重错位,神经遭到严重损伤。从医学的角度看,她的伤是神经伤,不是简单的肌肉伤和骨折,完成康复是不可能的……一位颇具天赋的舞蹈演员从此不得不黯然离开那个璀璨的舞台……

对于个人来说,失去了安全,就失去了一切。事业、家庭、幸福、才华、钱财、地位、名利……一切的一切,都失去了意义,都随着安全的失去而失去。

不出事故一切安全,一出事故万事成空。不论是对于职工,对于企业,对于国家,对于社会,这都是一句都是需要我们时刻牢记的箴言。

5.

只有杜绝事故,才能减少损失和伤亡

事故是损失的根本的源头,事故是伤亡最大的祸根。凡有事故,就会造成伤害,就会导致损失。要保证不受损失,没有伤亡,就必须杜绝事故。

一提起煤矿,人们总会首先想到伤亡。甚至有很多人都会认为,矿工是最不安全的一个工种。然而,对于一些安全管理水平高、管理抓得紧的煤矿来说,却并非这样:

四川嘉阳集团是一家有着70年历史的公司,它保持多年矿井死亡率为零,年产量110万吨,名列四川单个高产矿井前茅,并获得了"四川省安全基础管理示范矿井"、"全国煤炭系统先进集体"、全国煤炭工业"双十佳矿长"等众多的荣誉的老国有企业。多少年来,嘉阳公司引导员工把安全放在第一位,做好安全生产工作,保证自己的安全,也保证他人的安全,为企业创造最大的效益,为自己得到最大的福利。多年来,嘉阳公司没有出过一次大的安全事故,效益也一直保持在同类企业前茅。

同样的,在鄂尔多斯补连塔煤矿,连续十年未曾发生过安全事故,也就十年内未曾有过安全损失和伤亡。补连塔煤矿是神东煤炭集团开发建设的目前世界第一大井工矿井,位于内蒙古自治区鄂尔多斯市境内,井田面积为106.43平方公里,可采储量15.1亿吨。主采1-2、2-2、3-1煤层。煤质为特低灰、特低硫、特低磷、中高发热量的优质动力煤、化工和冶金煤,被誉为"绿色环保煤炭"。

补连塔煤矿采用平硐、斜井开拓方式,生产布局为一井两面。连续采煤机掘进,装备了世界上最先进的大功率采煤机和高阻力液压支架,采取长壁后退式综合机械化开采,实现了主运输系统皮带化、辅助运输胶轮化、生产系统远程自动化控制和安全监测监控系统自动化。

这里不仅能够通过大屏幕实时监控井下作业平台的情况，还能通过人员定位系统随时掌握矿工在井下的位置和动态。工作人员对着人员定位系统界面就能全面监测每个矿工的安全情况。每个矿工下井时都要随身带着定位跟踪器，监控中心通过定位跟踪器可以随时跟踪到矿工的移动路线和所处的位置。如果矿工在井下发现异常情况，会立刻报警，监控中心的警铃马上响起，监控人员立刻结合生产线的远程自动化监控系统判断问题严重程度情况，派人立刻维修或是立刻指导井下人员撤离。有时，生产系统出现异常时，井下的矿工并不知道，监控中心则会马上通过定位器指挥矿工在最短的时间内撤离。可以说，人员定位系统为矿工筑起了一道现代化的安全屏障。

正是由于采取了种种现代化的管理和安全措施，补连塔煤矿在创造了多项全国第一、世界领先的经济技术指标的同时，还实现创造了连续10年安全生产无事故的佳绩，也就十年没有发生过任何安全损失，更别说伤亡了。

事故是伤亡和损失的源头，要减少损失和伤亡，就必须杜绝事故，也只有杜绝事故，才会没有损失和伤害。所以，杜绝事故才是减少伤亡和损失最根本的途径。

6.

预防事故是安全生产的第一要务

既然事故是安全最大的敌人，是事故导致了灾难、损失和伤亡，那么，保证安全,消除损失,避免伤亡,首务自然是防范事故,这才是安全生产的第一要务。因为只有不发生事故,安全生产才有保障,企业的效益、利润的增长,才会成为可能。抓不好安全,杜绝不了事故,发展得再好,也不过是空话。

大连万达集团创立于 1988 年,形成商业地产、高级酒店、旅游投资、文化产业、连锁百货五大产业,企业资产 1950 亿元,年收入 1051 亿元,年纳税 163 亿元。已在全国开业 49 座万达广场、28 家五星级酒店、730 块电影银幕、40 家百货店、45 家量贩 KTV。2015 年目标:资产 3000 亿元,年收入 2000 亿元,年纳税 300 亿元,成为世界一流企业。成立 24 年的万达集团,其旗下万达广场有今天这样的成绩,发展不可不谓迅速,在大家对"万达所至,中心所在"这个口号都不再陌生时,万达却深陷"事故门"。

2010 年 8 月 28 日 14 时 54 分,辽宁省沈阳市万达商业广场售楼处一楼的沙盘模型内电器线路接触不良引起火灾,火灾发生时,售楼处二楼还有不少工作人员和前来看房的买房者。由于销售大厅内放置大量易燃的宣传物品及沙盘模型,易燃的沙盘材料燃烧后,释放出大量有毒有害气体,在短时间内将建筑两侧敞开式楼梯间封死,并沿建筑幕墙与楼板之间的缝隙涌入二层南侧室内,二楼人员已经无法下到一楼逃脱,最终造成 12 人死亡及 23 人受伤。经鉴定,有 6 人因火场中吸入有毒气体中毒窒息死亡。

法院经审理查明,辽宁省消防局出具的火灾有关情况的说明显示:这起火灾成因为沙盘模型采用大量可燃易燃材料建造,内部电气线路和电器元件安装混乱。销售中心建筑消防设计、竣工验收未报经公安消防部门审核、备案,擅自改变建筑内部结构,降低消防安全设计标准,造成火灾发生后迅速蔓延扩大。

无独有偶,事隔七月后,万达再次因事故亮相屏幕前。

2011 年 3 月 27 日下午 4 点左右,位于郑州市秦岭路与中原路交叉口"郑州中原万达广场"2 号楼发生脚手架坍塌事故,当场造成超过 8 名施工人员被埋。

半个月后，即 4 月 12 日晚上 20 点 15 分左右，一二八纪念路靠近共和新路正在建设中的宝山万达广场发生坍塌事故，工地一段近 80 米长的围墙包括路面轰然塌陷，所幸事故中没有人员伤亡。

一向以快买、快干、快竣工称霸商业地产的万达，由于几起严重的事故，其品牌信用受到人们质疑。以至于万达行业老大的龙头地位也受到了一定的影响。可见，预防事故，是所有安全生产的第一要务，不杜绝事故，就不可能有安全，不可能树立品牌，赢得市场，更不可能保障员工的生命安全。

2012 年 9 月 14 日 13 时 26 分，武汉长江二七大桥与欢乐大道交界处一在建住宅小区东湖景园的建楼工地突发重大事故，一施工升降机从 34 楼坠落，导致 19 人不幸遇难。

事发时正值工人上工时间，该栋建筑目前正在进行外墙粉刷工程。事故电梯搭载的是粉刷工人，在上升过程中，电梯突然失控，直冲到 34 层顶层（距地面 100 米）后，电梯钢绳突然断裂，厢体呈自由落体直接坠到地面，梯笼内的作业人员随笼坠落。遇难工人大多来自武汉市黄陂区，其中还有几对是夫妻一起出来打工的。

目睹整个事件的工地工人向媒体称，当天中午，两架升降机同时向上运行，一个卡在了 13 楼，另一个却在运行至 34 楼后突然坠落。"当升降机下坠至十几层时，先后有 6 人从梯笼中被甩出，其中 2 人为女性。随即一声巨响，整个梯笼坠向地面。附近工人赶至现场时看到，铁制梯笼已完全散架，笼内工人遗体散落四处。"

事故发生的原因有两个方面：一是升降机搭建架不牢，据说有螺丝松动；二是事故升降机严重超载，造成这起重大事故悲剧。

尽管事故发生后，各有关方面的动作很迅速，对事故救援、善后、调查和整改等工作均有部署和安排，防范措施也迅速由点及面，对在建工地立即停工，进行拉网式安全检查。但是，这样的反应无论多快，反省的水平无论多高，也挽不回 19 条鲜活的生命。

所以，不论任何时候，预防事故都是安全生产的第一要务。只有杜绝了事故，才能保证安全，生命才有保障，未来才能发展。那么我们如何才能有效地杜绝事故的发生呢？

(1)认真执行规章制度，是杜绝事故的保障

企业规章制度，是根据多年来企业的实际生产情况总结制定的，具有指导和约束作用。要严格执行操作规程，怎么规定就怎么去做；要认真学习操作规程，掌握操作要领，提高技术素质；按照安全要求，做好安全培训工作。在制度面前，只有规定动作，没有自选动作。

在制度中求规范，在规范中促养成。把"习惯性违章"变成"习惯性遵章"。只有人人认真执行规章制度，才能使安全生产得到保障。

(2)加强考核，是杜绝事故的关键

要让干部职工都认识到"安全生产就是爱"，严是爱，松是害，以此来抓好安全生产，才能真正体现出对员工最大的关爱。要建立上级对下级的安全管理考核机制。要建立检查记录，同时对干部职工都实行积分制考核。如果一年中连一次违章、违纪等问题没有查到，那么只能说明两点：一是说明这个单位无"三违"、无隐患；二是说明这个单位的"三违"和隐患无人管。所以，加强考核，是杜绝事故的关键。

(3)简单实用的操作规程，是杜绝事故的基础

"不以规矩不成方圆。"任何一个成功的企业，都必须有一套行之有效的规程，而简单实用的制度和规程又是杜绝事故的基础。所以，编制简单实用的操作规程，其目的就是便于学习培训，便于熟悉掌握，便于领导检查，便于经济考核，便于操作执行，便于整理修改。以此来适应企业生产实际的需要，这一点是非常重要的。

操作规程的编写，要做到有程序、有内容、有标准、有考核。要做到每项工作有程序，每项程序有内容，每项内容有标准，每项标准有考核。程序要全，内容要细，标准要高，考核要严。所以说，干啥学啥，学啥考啥，简单实用的操作规程，是杜绝事故的基础。

（4）狠抓隐患的"四不放过"，是杜绝事故的前提

事故的演变过程就像植物的生根、开花、结果一样，从企业安全生产看，种子是隐患，果是事故。抓安全不能等到其开花结果后再控制，要在萌芽时就连根拔掉，不给安全隐患提供成长的环境，从根本上防止事故发生。

安全关口前移，狠抓隐患的"四不放过"：在违章指挥、违反操作规程没有造成后果时就不放过；在不按时巡检、巡检不到位没有造成后果时就不放过；在岗上睡岗、脱岗没有造成后果时就不放过；在动火不按规定办理动火票，无监护人动火没有造成后果时就不放过，真正将被动防范转变为主动预控。用处理事故"四不放过"的方法来处理隐患。要视隐患为事故，可召开隐患分析会、隐患现场会，对能够解决的隐患而长期得不到解决的责任人进行处理。

在安全管理上应该小事当作大事抓，违纪当作违法抓，隐患当作事故抓。绝不能大事当作小事抓，违章违纪无人抓，出现隐患不想抓。

（5）增强员工责任心，是杜绝事故的根本

杜绝事故，必须从根上抓起。事故的根是人的思想，是由于人的思想麻痹、责任心不强造成的。因此说，事故源于人的思想。

抓好安全工作，就是要解决好人的思想问题。也就是说，我们抓生产要从抓安全出发，抓安全要从抓责任心入手，抓责任心要从抓人的思想开始。

安全的核心是岗位责任心，安全源于人的责任心。因为员工的责任心，是安全环保生产的保证、是企业创新发展的基础、是杜绝安全事故的根本。

第二章
没有制度就没有安全,用制度打造事故预防的"防护网"

　　古人云:"没有规矩,不成方圆。"安全生产也是一样。没有规矩就没有方圆,没有制度就没有安全,严格规范的安全制度是安全的防护网。只有建立健全安全生产和事故预防的相应制度、规章,约束和规范员工的安全行为,保证安全操作,才能避免事故,安全才有保障。

1.

没有规矩不成方圆,没有制度就没有安全

古话说得好:"无规矩不成方圆",因为凡事都必须按照一定的标准和规律来做,才能把它做到最好,就像只有使用规和矩才能把方和圆画得规整标准一样。实际上规和矩最初是指木匠用来画线的两种专用工具,也就是至今我们很多行业和工种都还在使用的圆规和直尺。

规矩是画好方和圆的最基本的工具。即便是到今天,这两种工具也依然是我们成就方圆的最根本的工具和依凭。没有规矩,就不可能成方圆,就会方不是方,圆不是圆;不成方圆,成不了任何东西。

安全其实也是这样,也需要规矩,需要规范,这就是我们的安全制度。没有制度就没有安全,严格规范的安全制度就是安全生产的防护网。要想确保企业和员工的安全,就必须要有一个健全可行的规章制度。没有规章制度的安全工作永远都会存在漏洞,结果只能是今天的侥幸与明天的不幸。

所谓制度,是为了达到某一目的而需要所有的人共同遵守的一种行为规定,也有可能是从生产吸取经验和教训,上升为一种共同遵守的准则,或是从长久的行为方式中积存而成的固有的、被所有人承认的规则,并被所有的人接受,也会成为制度。

有这样一个故事:科学家将四只猴子关在一个笼子里,并在笼子上面的小洞里放下一串香蕉,一只猴子立刻冲上去,就在它快拿到香蕉的时候,预设机关里出的热水把这只猴子给烫伤了,其他三只猴子也被烫了一次。结果可想而知,任何一只猴子去取香蕉，四只猴子都要被烫一次。后来，实验者用一只新猴子取代了一只"老"猴子，当新猴子想去拿香蕉时，其他三只猴子就会把它暴打一顿。

当所有的猴子都换成新的以后，尽管没有猴子被烫过，但每当有猴子去取香蕉时，其他三只猴子就会把它暴打一顿。

不许取小洞里的香蕉，对于笼子里所有的猴子而言，这都是一条不容违反的规矩，这就是制度。

任何公司的可持续发展都需要一个良好的机制，同时任何公司制度也都有一定的强制性，因为制度要维护的是整个公司的利益，整个集体的利益。一旦制度长期地执行，它就会变成公司的有机组成部分，成为保障公司正常运转的要措施。当然，制度的建立一定要以帮助员工更好地工作，为员工提供方便，规范员工的行为为原则。如果制度规章成为员工的一种负担，那必然受到员工一定程度的抵制，最后影响到执行。安全制度和规章也应当遵守这样的原则。

根据《中华人民共和国安全生产法》，每一个企业都必须健全安全生产制度。企业安全生产责任制是企业岗位责任制的一个组成部分。它根据"管生产必须管安全"的原则，综合各种安全生产管理、安全操作制度，对企业各级领导、各职能部门人员、有关工程技术人员和生产工人在生产中应负的安全责任作出明确的规定。

安全生产责任制也是企业最基本的一项安全制度，是所有劳动保护规章制度的核心。有了这项制度，就能把安全生产从组织领导上统一起来，把"管生产必须管安全"的原则从制度上固定下来。这样，劳动保护工作才能做到事事有人管、层层有专责，使领导干部和广大职工分工协作，共同努力，认真负责地做好劳动保护工作，保证安全生产。安全生产责任制是其他各项安全生产规章制度得到实施的基本保证。

安全生产责任制与奖惩制度的结合，也是加强安全生产规章制度教育的一个重要手段，对提高干部职工执行安全生产规章制度自觉性的作用是很大的。同时，有了安全生产责任制，在出了工伤事故以后，就能比较清楚地分析事故，弄清从管理到操作各方面的责任，对吸取教训、搞好整改、避免事故重复发生，是一项制度保证。

有了制度不一定就能全面保证安全,但是没有制度或是制度不健全,安全绝对不会有保障。这是被许多安全事故证明过的真理。

1991年5月30日,广东省东莞市兴业制衣厂由于制度不全、责任不明引发了一场特大火灾,造成72人死亡,47人受伤。

2009年5月19日20时15分,天津市临港工业区渤化永利热电有限公司在进行烟囱内筒安装作业时,发生烟囱内筒坠落,造成一起重大安全生产事故,导致现场施工人员12人死亡、11人受伤。

2009年3月23日下午3时04分,在涪陵境内的重庆建峰工业集团公司45万吨合成氨、80万吨尿素项目施工现场发生一起重大安全事故,一尿素装置造粒塔施工作业平台垮塌,造成12人死亡,2人受伤。

这些年来,类似原因导致的类似事故司空见惯,令人震惊。深究起来,都有安全制度不健全的魔影闪烁其间。可见安全制度是安全的第一道防线。

制度的建设是必需的,对一个国家和社会来说是必需的,对一个企业来说更是必需的。有了制度,才能让全社会、让企业员工的行为变得有章可循。企业安全制度的建设必须是客观的,可以根据公司或企业自身的经营活动来进行安排。制度的力量是巨大的,如果一切按照制度来做事,做到有章可循,再辅之以有执行力意识的管理者,何愁企业安全没有保障呢?制度错了,我们可以改;没有制度,我们可以制定。怕就怕有了好的制度,却没有执行,甚至都找不到一个具有执行力的人去予以落实,那才是最让人无奈的,那样的制度也也不过只是一具空壳而已,还不如没制度来得安心。

健全企业安全生产的制度是十分重要的,企业的安全规定、规章制度是"紧箍咒",同时也是"防护网"。但如果只有制度,却没有可靠的具有高度安全,和责任心的员工去执行,那么,再漂亮的制度、管理、流程都形同虚设!

制度不在多,关键是执行,有时候反倒是越简单的禁令,落实的情况越好。如中国石油总公司就颁布了六条禁令来保证企业的生产安全，六条禁令如下：

1.严禁特种作业无有效操作证人员上岗操作。

2.严禁违反操作规程操作。

3.严禁无票证从事危险作业。

4.严禁脱岗、睡岗和酒后上岗。

5.严禁违反规定运输民爆物品、放射源和危险化学品。

6.严禁违章指挥、强令他人违章作业。

制度是用来规范约束员工安全行为的工具，只有有效的制度才能保证正常运行。但是，安全制度必须不折不扣地被执行，才能真正保证企业的安全生产。有制度不执行，与没有制度，没有什么区别。

2.

操作规程：安全操作规范操作的标尺

安全操作规程是为了保证安全生产而制定的，操作者必须遵守的操作活动规则。它是根据企业的生产性质、机器设备的特点和技术要求，结合具体情况及群众经验制定出的安全操作守则。它是企业建立安全制度的基本文件，进行安全教育的重要内容，也是处理伤亡事故的一种依据。

安全操作规程严格规定了各种设备、机器的安全操作方法和技术，是职工开展岗位工作的一个安全标准和安全守则，因而，每一个员工都必须严格按照安全操作规程的规定来按步骤、按技术、按规定准确操作，从而保证操作的安全。

事故的发生往往是因麻痹、疏忽、放纵心态等思想而产生的。在生产中最重要的是遵守规程。以操作规程为切入点，投入工作并始终贯穿。企业的规程是经由科学的依据制定而出的，依据又从何而来？依据在生产进程中从事故案例和经验教训中完善形成。所以说,操作规程本身具有合理性和科学性,它就是安全的依据,制度的中心,规章的基础。安全操作规程的制定和执行,实际上是为职工的操作安全安上了一道护身符,可以有效地保证操作的安全。所以,员工一定要严守操作规程,不违章操作,不乱操作,这样才能真正保障操作安全,不出事故。

　　配制硫酸溶液是克拉玛依电厂水质检验工的一项日常操作。在日常操作中,化验室的员工都特别注意自身防护。配制硫酸溶液时规范穿戴劳动防护用品以及在通风橱内操作,就是"规定动作"。这些"规定动作"就像"指南针"一样时时提醒、指导、规范员工的操作,促使员工对作业危害进行有效地预防。

　　每天,化验工金沙在操作前对自己"全副武装"——仔细检查橡胶手套的严密性,调整防酸口罩的带子和鼻托,将口罩戴好,再打开通风橱的风机,然后才开始配制硫酸溶液。用她的话说,这叫"磨刀不误砍柴工"。

　　同样的,大港油田采油六厂也高度重视操作规程的执行。从2011年5月开始,大力开展"身边无隐患、安全伴我行"活动,规范员工操作行为,提升安全管理水平。针对集输站管线多、闸门多、设备多的实际,为确保员工正确操作,采油六厂积极推进安全目视化管理,采取挂牌上签的措施,对暂停管线、常开枢纽等设备实施上锁处理,贴上"禁止操作"标签,起到了警示安全的效果。

以上两家企业都制定了比较规范的制度标尺,为防止事故的发生起到了很好地预防效果,是值得很多企业学习。而与此相反的,则是不按照规范操作流程走的违规操作。这种行为不论给企业还是给自己,都会带来巨大损失。

　　2007年6月21日上午11时10分,陕西化建电气安装人员在二期单体配电室安装电流变换器,在安装过程中,安装人员未采取任何安全防护措施,也没有遵守相关规定,将配电柜内刀闸开关分断。安装人员在更换电流变换器导线时,不小心将一根导线跌落到裸露的母排上,造成母排的局部短路,短路时所产生的电弧将临近几路电源短路,导致事故进一步扩大,最后将整个119P配电柜烧毁。短路过程中的电弧将陕西化建现场参与安装的一名技术人员头部、手部大面积烧伤,受伤人员事后紧急送往唐山工人医院进行治疗。事故的直接原因正是因为安装人员违反电工安全操作规程,未分断配电柜内刀闸开头,加上操作失误,造成电源短路,导致人身伤害事故。

2002年8月26日10点40分,黑龙江省某合金公司精整车间副主任陈某在经过清洗机列时,发现挤水辊前面从清洗箱出来的一块(2×1820×2080)板片倾斜卡住,陈某在没有通知主操纵手停机的情况下,将戴手套的左手伸入挤水辊与清洗箱间的空隙(约350毫米)调整倾斜的板片,由于挤水辊在高速旋转,将陈某的左手带入旋转的挤水辊内,造成陈某左手无名指、小指近关节粉碎性骨折,手掌大部分肌肉挤碎,最后将无名指、小指切掉。

这是一起由于违反安全操作规程而引起的事故。陈某戴手套操作旋转设备、不停机处理故障、主操纵手工作不负责,未及时发现故障、未对陈某的行为进行制止,监护不到位等行为,都是典型的违反操作规程的行为,也是导致事故的诱因。

安全警言里有一句大家都很熟悉却振聋发聩的话:"安全规程是用血写成,不必再用血验证",相信大家都会有所触动。是的,每一条操作规程都是用血写成的,我们需要做的就是遵照执行。

3.

劳动纪律:员工安全的有效前提

　　劳动纪律是用人单位制定的劳动者在劳动过程中所必须遵守的规章制度。劳动纪律是组织社会劳动的基础,是保证劳动得以正常有序进行的必要条件。职业道德是劳动者在劳动实践中形成的共同的行为准则。

　　在生产企业中,违反劳动纪律和安全生产规章制度,主要是指工作不负责任,自律意识差,安全意识淡薄,具体表现为:上岗上班期间擅自脱岗、睡岗、串岗;班前班上喝酒;在禁止吸烟区域吸烟;在工作时间内从事与本职工作无关的活动;未经批准任意动用非本人操作的设备和车辆;无证违章操作;滥用机电设备或车辆等。

　　有些员工小看这些行为,认为这些行为不过是小事,对安全生产关系不大,更不会对自己的安全造成大的影响,所以就无所畏惧,并最终养成了不好的习惯。殊不知,违规违纪正是发生重大事故的重要原因,也正是造成重大人身伤害的直接源头。

　　1997年12月17日,广州某化工公司二车间过硫酸钠生产,三班当班,该班共6人,当天上班5人,其中李某、陈某为过硫酸钠复分解反应工序操作工(李某为主操工),反应岗位设在过硫酸钠工序二楼。

　　当天16时,当班人员李某、陈某、谭某、王某4人进行投料作业,约17时开始加液碱进行反应。全过程由李某负责控制和操作。谭某、王某协助投料及准备下一班原料后,便离开回到各自岗位。据李某自述,反应过程调过2次蒸汽压,反应温度控制在41.3~44.5℃之间,真空度0.094兆帕,但都未在生产记录簿上作记录。李某与陈某轮班吃饭。约在17时35分,李某自述饭后回岗位取牙签和看温度等。约在18时10分,李某去厕所后顺道进化验室（车间中控化验室，距离岗位约50米）取检验报告，进化验室后约5分钟，反应锅发生爆炸（此时为18时45分，化验室时钟震停），并导致在动力车间电工房与过硫酸钠厂房之间的陈某受伤，李某则在化验室被爆炸震落物伤及头部。陈某因伤势过重，于20时12分抢救无效死亡。

造成这起事故的直接原因还是班组员工违反劳动纪律，擅自脱岗、睡岗。因为车间管理不严，对职工的教育、检查不够，导致发生劳动纪律松弛、离岗睡岗等现象。事故发生前，当班主操作工李某因在生产过程上厕所（上厕所路程不足2分钟），顺道到化验室取化验单，离开岗位长达35分钟以上，另一留在岗位的操作工陈某（死者）违反制度处于睡岗状态（根据法医对死者伤势检验结果推断，出事前陈某是俯伏状在记录台上，没有注视反应锅的温度和压力等情况），没有按操作规程规定的控制温度（40—45℃）与真空度进行操作控制，当出现异常情况时（如蒸汽压力升高）没有进行及时处理。二是由于操作工上班时没有按规定把报警器开关复位，使反应锅声光温度报警器处于失效状态，当温度超过55℃时发生副反应，物料开始分解，并放出大量的热，放出的热又促使物料温度上升加速分解，形成恶性循环，分解释放出大量的氧，这些氧气和正常反应产生的氨气混合形成可爆气体（常压下15.7％～27.4％），温度继续升高导致发生冲料时，由冲料而产生静电引发了吸氨塔爆炸，瞬间波及反应锅发生化学爆炸。

造成事故主要原因是车间生产管理和劳动纪律管理不严，对温度记录和超温报警重视不够，检查督促不力，导致工人纪律松懈，不按规定办事。而当班操作工违反劳动纪律和操作规定（陈某处于睡岗状态，李某离开岗位时间过长，又没有报告当班班长），使生产现场长时间处于无控制状态；没有按照操作规定合上报警电铃，导致反应锅超温报警失去作用也是原因之一。

可见，千万别认为"我就走开一会儿"不算什么大事，也千万不要认为"反正没事，我睡一会儿还能养足精神"，在岗一分钟，我们就要保证安全六十秒,在岗就要负责,绝不能把这些当成小事。因为这些看似平常的小事,有时恰恰就是至关重要的那一点,就会导致重大事故的发生,就会造成不可挽回的后果,后悔也来不及。

所以,作为一个员工,不论何时何地做何种工作,责任心一定是第一位的,遵章守纪一定是第一位的,这样不仅是我们做好工作的前提,更是我们岗位安全、生命安全的基本保证。

需要注意的是,违反劳动纪律和安全生产规章制度,不论是否造成事故,都属于违章违纪,都应当予以处罚。如果造成重大伤亡事故,不仅要予以严厉处罚,还要追究刑事责任。所以,在班组的安全管理中,首先要对违章违纪行为进行严格管理,要坚决杜绝上岗上班期间擅自脱岗、睡岗、串岗,班前班上喝酒,无证违章操作等行为。要教育和告诫职工,对违章违纪行为进行处罚的目的,不是与谁为难,而是切切实实为了安全生产、安全作业,为了职工的安全和大家的安全。

违反劳动纪律的行为有很多,主要行为表现有以下方面:

(1)在禁火区吸烟。

(2)在工作场所、工作时间内聊天、嬉笑、打闹,分散注意力。

(3)在工作时间脱岗、睡岗、串岗、干私活或干与生产无关的事。在工作时间内看书、看报或做与本职工作无关的事。

(4)班前、班中喝酒。酒后进入工作岗位。如酒后作业,酒后开车。

(5)把外来人员带入生产岗位。

(6)非岗位人员任意在危险、要害、动力站(房)区域内逗留。

(7)未经批准,擅自到别的岗位,开动本工种以外设备。

这些行为都是常见的违反劳动纪律的行为,需要严加监督,及时纠正,才能防范事故的发生。对于一些经常发生的、具有代典型性和代表性的事故,企业要引导员工总结教训,加强学习,提高防范和排查能力,减少同类事故的发生。

　　1999年9月2日,某电厂发生一起司炉工擅离工作岗位,连续违章,造成自己从5.3米吊装孔坠落身亡的事故。

　　9月2日,某电厂锅炉运行二班4号炉司炉工刘某上夜班,23时,刘某戴上安全帽、手套,拿上看火眼镜走出集控室,到4

号炉就地看火打焦。23时30分,4号炉值班员走出隔音室去磕口时,发现3号炉右侧磨煤机入口旁的通道躺着一个人,走过去一看,发现是司炉工刘某,其脸、口、鼻有血,旁边有顶安全帽。值班员立即通知当班人员及厂医院医生到现场救护,并联系厂医院救护车送往市医院急救。刘某在送往医院途中神志尚清醒,经医院值班医生初步诊断,除身体有几处擦伤,眉角处有挂伤(缝三针)外,其余正常。医院认为伤势不重,住院观察。9月3日晚17时左右,刘某病情突然恶化,呈昏睡状,17时45分开始吐白沫、呼吸困难,医生进行抢救,约1小时后停止呼吸死亡。

经事故调查组对现场反复勘察,刘某是在正处于大修的3号炉5.3米平台吊装孔坠落的,该孔边缘留下刘某被刮掉的手套。这个临时吊装孔的安全警示遮栏、安全围栏齐全,现场照明充足,难以想象刘某是如何掉下去的。因当时事故现场无人,分析推断,认为刘某钻过安全警示遮栏,又跨过安全围栏,在跨越吊装孔时坠落至水泥地面,头未碰地面前安全帽已滑脱。所以,造成这起事故的直接原因一是擅离岗位。刘某的工作岗位在4号炉,却私自走到不属于自己当班工作范围的3号炉检修现场,违反了岗位责任制有关规定。二是连续违章。刘某先是违章钻过安全警示遮栏,再违章跨过安全围栏,最后违章跨越吊装孔时不慎高空坠落。三是自我保护措施不力。安全帽未扣紧、未系牢,导致坠落时人帽分离,头部未能得到有效保护。

从这起事故的发生过程和原因来看,属于严重违纪事故。在企业生产过程中,生产人员或者值班人员,尤其是重要的关键岗位当班人员,必须忠于职守,坚守岗位,密切监视设备运行情况,发现问题及时处理,不能擅自脱岗,因为任何疏忽大意都有可能造成严重的人员伤亡和财产损失。从此类事故应吸取的一个重要教训,就是当班人员不得玩忽职守,擅自脱离工作岗位,擅自脱岗实际上就是擅离职守、不负责任,就是失职与渎职。

违反劳动纪律、擅自脱岗、串岗、睡岗等,正是许多事故的直接原因。安全大于天,一定要严格遵守劳动纪律,才能避免出现事故,不然一点点放松就会出大事故,就会闯大祸。到时候,后悔已经来不及了。

1988 年 3 月 16 日,成都石油化学厂在生产过程中由于外线突然停电,生产未能按计划正常进行。11 时 30 分送电后,至 12 时 25 分,该厂锂基脂工段第一工序热油釜点火升温,当时天然气压力为 0.02 兆帕。热油釜升温后,其他生产准备工作相继开始,因送电晚,蒸汽压力较低,配料岗位的硬脂酸未熔化,锂基脂工段未投入联动运行。14 时 30 分,蒸汽压力上升至 0.04 兆帕,由于没有对天然气压力按工艺操作规程进行调试,在 15 时左右,导致油温升高沸腾,热油釜内压力上升。此时,由于当班热油釜司炉工擅自违反劳动纪律,脱岗到二楼操作室议论出差事宜,致使油温无人控制。热油釜油蒸气冲开石棉盘根,从加油孔入孔处大量外溢,遇天然气火焰引燃爆炸,酿成重大事故,致使 3 人死亡。

造成这起爆炸事故的直接原因,是当班热油釜司炉工违反劳动纪律,擅自脱岗到二楼操作室议论出差事宜,致使油温无人控制酿成重大事故。

不安全因素总是藏在我们工作中最容易疏忽的灰色地带,在不经意或者一刹那之中,工作作风浮夸就会造成极大的危害,设备及人身伤害。只有端正的工作态度,优良的工作作风,严明的工作纪律才能为安全生产保驾护航。所以,每一个员工都自觉遵守劳动纪律,才是保证安全预防事故的重要前提。

4.

岗位安全责任制度:岗位安全的基石

岗位安全是员工日常安全中最重要的内容,因为上岗就是上班,这是员工的工作，也是员工的职责，更是员工赖以生存的饭碗，员工大部分的时间都在岗位上，保证了岗位安全也就保证了员工的工作安全，这是安全生产的核心内容。

要保证岗位安全，最重要的就是要遵章守纪，严格落实岗位安全责任制度，按照岗位安全规程办事，做到不违章作业，也不违章指挥，更不违犯劳动纪律，坚守岗位职责，尽心尽力做好岗位工作。

岗位安全责任制，就是对企业中所有岗位的每个人都明确地规定在安全工作中的具体任务、责任和权利，以便使安全工作事事有人管、人人有专责、办事有标准、工作有检查，职责明确、功过分明，从而把与安全生产有关的各项工作同全体职工联结起来，形成一个严密的、高效的安全管理责任系统。

岗位安全责任制主要要求是：

1. 贯彻安全技术规程，严格执行安全技术标准；

2. 建立以班组长和班组安全员为主体的安全领导小组，针对本班组的安全问题提出措施，发动班组全体成员，查隐患、查缺陷，开展技术革新，提出合理化建议；

3. 针对生产中的薄弱环节和重要工序，确立安全管理重点，加强控制，稳定生产；

4. 班组组织群众性的自检、互检活动，支持专检人员的工作，达到共同安全的目的；

5. 及时反馈安全生产中的信息，认真做好原始记录，对发生的事故按"三不放过"的原则认真处理。

岗位生产责任制度是员工保证岗位安全的前提和基础。因为一个人只有明确了自己的责任，才能负起自己的责任；只有负起了责任，才能保证安全。所以，岗位安全责任制度是重要的安全保证。

2008年4月28日4点41分，由北京开往青岛的T195次旅客列车运行至胶济下行线王村到周村东间290公里800米处，在本应限速每小时80公里的路段，时速却达到每小时131公里。超速使9至17节车厢脱轨，与运行在胶济上行线的5034次旅客列车相撞，从而引发了72人死亡、416人受伤的特大事故。

据"国务院'4·28'胶济铁路特别重大事故调查组"调查："济南局列车调度员在接到有关列车司机反映现场临时限速与运行监控器数据不符时,4月28日4:02济南局补发该段限速每小时80公里的调度命令,但由于责任人没有把这个命令及时下发下去,使T195次机车乘务员根本不知道有这个命令,属于典型的漏发调度命令。而王村站值班员因为没有明确自己应当对这个临时限速命令与T195次司机进行确认,也未认真执行车机联控;而机车司机也没有认真瞭望,失去防止事故的最后时机。一场特大事故就这样在一连串的不负责任和不断累积的错误中最终发生。"

面对"4·28"特大事故的惨状,国务院事故调查组副组长、全国总工会副主席张鸣一声长叹:"这本是一起不应该发生的责任事故。"济南铁路局一位负责运输管理的工程师在"4·28"之后也曾如实说:这场事故"不是天灾,是人祸!"责任不明和不负责任,正是这起可怕的事故背后真正的原因。

"4·28"特大事故就像一面展板,展示着失去岗位失去责任的后果多么严重,教训何其惨痛!

可见严格规范的岗位责任制度,对于安全至关重要,是保证岗位安全的前提和基础。

如果每一位员工真正从意识上、思想上、行动上都把安全放在第一位,踏踏实实按照一岗一责制的规定,严格执行操作规程和劳动纪律,自觉消除头脑中的马虎思想,有利于安全生产的事多做,不利于安全生产的事坚决不做,真正做到在岗一分钟,保证安全六十秒,忠于职守,杜绝违章操作、违反劳动纪律的现象发生,做到"在岗一分钟,安全六十秒",就必然能把事故减到最少,把安全提到最高。

岗位安全责任制不仅可以使企业的各项安全工作程序化、条理化;使安全管理有基准,安全考核有标准,安全奖惩有依据;使各车间、班组、岗位成员都明确自己的安全任务、明白自己的安全职责,从而使安全生产处于完善的、严格的互相促进、互相制约之中,使大家齐心协力共操安全心、共保安全岗,进而达到岗位安全,为整个企业安全打下扎实的坚实的基础。

总之,岗位安全责任制最直接地体现了企业安全生产全员、全过程、全天候的管理要求,也是每一个岗位员工明确自己的安全任务、负起自己的安全职责的重要前提。

5.

安全问责制度:打造坚实的安全责任链

安全问责制度,简单地说,就是安全责任追究制度,谁出了安全问题谁负责任的制度。不管是什么岗位、什么工作、什么职责,安全就是责任,你的岗位就是你的责任,你的岗位安全就应当你负责任。不管出不出事故,这都是你的责任。问责制度不仅对各个岗位的安全任务和责任有明确的规定,而且对于每一个岗位发生安全事故后,应当负什么样的责任,承担什么样的后果,有明确具体的规定。这样才能保证永远不出现"事故之前无人负责、事故之后无人担责"的情况,真正使安全从始至终都有完整的责任链,真正把安全落到实处。

安全问责制度,是减少安全事故、打造安全责任链的重要措施之一。美国的安全工作位居全球前列,其中很重要的一条,就是有完备的安全问责制度。

美国是世界上主要产煤国之一,近年来每年煤矿死亡人数只有40名左右。

美国从1975年到1996年,发生了208起硫化氢泄漏事故,却没有一个人因此丧生,因为员工严格遵守安全规定。

1976年以来,美国一次死亡5人以上的,矿难仅13起,平均两年发生一起。

2006 年美国采矿业事故总死亡人数为 73 人，其中煤矿死亡 26 人，金属非金属矿死亡 47 人。世界上都认为最危险的采矿业在美国非常安全。

这除了美国员工的安全素质较高，安全措施到位之外，美国对安全事故的强力问责制度和处罚制度是保证安全的一个关键。如发生 3 人及 3 人以上的煤矿重大死亡事故，除天价罚金外，发生事故的煤矿、煤炭公司、经营者及其委托的管理人员会被追究刑事责任和行政责任。

2004 年，美国职业安全与卫生管理局（OSHA）对德克萨斯州的 Grand Prairie 公司做出了罚金高达 14.7 万美元的处罚。此公司在一场挖掘坍塌事故中造成一名工人死亡。Grand Prairie 公司被认为违反了涉及故意行为、严重行为两次违反重复性行为等安全条例的引文。

这次事故发生于 2004 年 10 月，一名正在 23 米深的混凝土浇筑中作业的工人在坍塌事故中死亡。OSHA 于 10 月中旬开始着手调查工作。OSHA 达斯地区负责人指出，这次事故的发生是由于 Grand Prairie 公司没有遵守一名工程师提供的安全挖掘计划，这名工程师曾经充分注意到洞穴内挖掘的保护设施。

2005 年，华盛顿电美国劳工部所属职业安全和健康署宣布，对发生重大安全事故的一家石油公司处以 2100 万美元的罚款，创美国安全事故罚款新纪录。被处以重罚的是英国石油北美产品公司。该公司位于得克萨斯州的一家油厂发生重大安全生产事故，导致 15 人死亡。这是美国历史上由于企业安全生产事故被处罚金额最高的一例，几乎是之前最高罚款纪录的两倍。与此同时，该机构还表示，正在考虑是否就该公司违反相关法律其进行刑事诉讼的问题。

正是因为美国严格的安全责任追究制度，才有了美国安全工作居全球前列的成绩。

打造安全责任链,保证安全的每一个环节都牢不可破,都不"掉链子",很重要的一点就是实行问责制度。只有严格的问责制度,才能真正把安全责任从纸上落实到行动上,使安全的每一个环节都落实到位,并且责任明确,从而真正杜绝事故,保证安全。

6.

安全监管制度:严格监管才能堵住事故之门

安全是人的第一需要,人的活动只有遵循了安全方面的客观规律,安全才有保障,背离了安全方面的规律,就要受到安全事故的惩罚。但由于所有的工作都是由人来做的,个人行为的随意性和盲目性,常常是导致各种事故的重要诱因。在缺乏约束的条件下,人的自律与自制性大为降低。特别是在失去监督时,个人行为的随意性和盲目性会得到进一步的放任,违规、违章、违纪的概率更大,更易犯错误,更易导致事故的发生。所以,只有制定严格的监管制度,才能有效地降低个人行为的随意性,做到遵章守制,才能堵住事故之门。否则,则只会尝尽事故的苦果。

2002年3月18日早上8时,某化机厂三车间主任谢某召开车间会议,安排当天工作,大约8时30分会议结束。此时,运来一车不锈钢板,汽车进入三车间后,因下货处距汽车20米,需用行车起吊。当时,行车操作工王某操作行车,贺某负责指挥,赵某在汽车东边挂钩,伊某在西边挂钩。当时贺某站在汽车东边。抵某当时在闪蒸器南边打扫卫生。大约8时40分左右,第三次起吊钢板(每次起吊6块,前面已起吊过2次)。当钢板吊起离开汽车后,距地面大约2.5米左右,横向西2米左右,起吊钢板快接近切割转台时,王某发现不锈钢板南北上下出现晃动,此时吊车未停,向南点打。大约 9 时左右,贺某发现有人在闪蒸器北边站立(危险区),立即向王某打手势,并大声呼喊。王某看见贺某用手挥动,并大声喊"唉——",按惯例,她意识到要紧急停车,于是王某立即紧急停车。此时钢板脱离吊钩,由南向下坠落,霎时,车间尘土飞扬。在场的贺某、赵某等人已意识到出事了。当他们赶到出事地点时,发现抵某仰躺在闪蒸器南边,脚在闪蒸器下面。贺某、赵某等人赶紧找车将抵某送往医院,经医院抢救,因抵某脑部严重受损,抢救无效,于 11 时左右死亡。

事故中不正确的人出现在不正确的位置以及钢板的意外脱落,都是造成这起悲剧的主要原因。如果当时该企业有完善的安全监管制度,工作区避免其他人进入、起吊工具定期检查等,这起悲剧也就能避免。

个人行为的盲目性和随意性往往偏离客观规律。规律是不以人的主观意志为转移的,任何的盲从与违背是要受到规律的惩罚。失去监督的个人行为易偏离客观规律,是犯错误的根源。

有效的监督可以纠正个人行为的盲目性和随意性,减少或避免犯错误。如果将决策权、执行权和监督权集于一人之身,权利的行使便处于不可控状态。在安全生产工作中,要抓好对各级人员的有效监督,可以纠正个人行为的盲目性和随意性,使其顺从客观规律的要求,可有效减少或避免安全生产事故的发生。除此之外,安全管理一定要注重建立安全监管制度,以严格的安全监管堵住事故的大门。

一要建立和完善各级人员的安全生产责任制,尤其是生产一线的负责人,他们不能失去有效监督。在计划、布置、安排生产工作的同时,要计划、布置、安排好安全监督工作,工作现场要有专门负责安全监督的管理人员。工作负责人要对工作班成员的工作全过程进行监督,及时纠正不安全行为。专门负责安全监督的管理人员,除了对工作班成员的行为进行监督外,主要监督工作负责人是否严格履行其安全职责,防止"三违"行为的发生。

二要严格执行工作票操作票制度。人人都要强化自我保护意识,牢固树立起"无票不工作,无票不能指挥别人从事电气工作,无票可以拒绝工作"的意识。

三要重点抓好几个环节：

1. 对工作严格执行"三措"。相关单位及部室对工作的组织措施、技术措施、安全措施要严格把关审查签字，实行逐级审批制度，做好工作前的准备工作，从总体和宏观上确保安全；

2. 工作过程中，开好班前会、班后会及危险点分析预控工作。班前会详细交代工作任务、地点、带电部位、安全措施、注意事项。工作过程中找准危险点并做好预防控制工作，做到"想好了再干"，避免盲目蛮干行为。班后会做好总结，针对存在的问题提出防范措施，并抓好落实工作；

3. 相互提醒、相互监督，共同担负起安全责任。强化"安全生产人人有责"的安全责任意识，切忌有章不循、掉以轻心和纪律松懈，在平时的工作中要注重养成和培养自觉遵章守规的工作习惯。克服少数员工安全工作中存在侥幸、盲从、取巧、逞能等不良心理，切实做到思想到位，责任到位，工作到位，制度落实到位。

只有安全监管才能堵住事故之门。只有切实把防护这根"弦"绷紧，认真地做好事故的防护工作，这是事关企业全面建设的大事，必须端正指导思想，积极预防，突出重点，务必抓紧、抓细、抓好、抓实，才能保持企业的稳定，避免各种因监管不力造成惨重损失。

7.

制度在于落实：制度不能落实安全就会成空

制度是一种行为规范，严格执行制度是工作正常有序开展的保障。而制度的关键在于落实。没有落实，再好的制度也难以贯彻，再好的文件也是一纸空文，再理想的目标也是难以实现。

古语有云："天下之事，不难于立法，而难于法之必行；不难于听言，而难于言之必效"。制定制度、定出规范，并不难，难的还在于落实，在于是不是不折不扣地做到了。

有些企业制度定了成百上千条，走廊的墙上、办公室里到处都挂着各项规章制度，但真正在工作中坚持执行下去的却没几条，大多数只停留在书面上，落实不到行动上。企业的安全、员工的生命、一切的保障，都不过是挂在墙上的标语，写在墙上的安全，这怎么免除得了事故的发生呢？

　　1992 年 6 月 27 日 15 时 20 分，通辽市油脂化工厂癸二酸车间两台正在运行的蓖麻油水解釜突然发生爆炸，设备完全炸毁，癸三酸车间厂房东侧被炸倒塌，距该车间北侧 6 米多远的动力站房东侧也被炸毁倒塌，与癸二酸车间厂房东侧相隔 18 米的新建药用甘油车间西墙被震裂，玻璃全部被震碎，钢窗大部分损坏，个别墙体被飞出物击穿，癸二酸车间因爆炸局部着火。现场及动力站、药用甘油车间当即死亡 5 人，另有 1 人在送往医院途中死亡，1 人在医院抢救中死亡；厂外距离爆炸点西 183 米处，1 老人在路旁休息，被爆炸后飞出的重 40 公斤的水解釜残片拦腰击中身亡。这次事故共死亡 8 人，重伤 4 人，轻伤 13 人，直接经济损失 36 万余元。事故原因没有严格执行安全制度。

　　2005 年 11 月 27 日 21 时 22 分许，黑龙江省龙煤矿业集团有限责任公司七台河分公司东风煤矿发生特大爆炸事故，造成 171 人死亡，48 人受伤，直接经济损失 4293.1 万元，经国务院事故调查组认定为煤尘爆炸事故，属责任事故。事故发生的直接原因是：违规放炮处理 275 皮带道主煤仓堵塞，导致煤仓给煤机垮落，煤仓内的煤炭突然倾出，带出大量煤尘并造成巷道内的积尘飞扬达到爆炸界限，放炮火焰引起煤尘爆炸。事故发生的间接原因主要是：东风煤矿 275 皮带道及井底煤仓没有实施正常的洒水消尘，长期违规放炮处理煤仓堵塞，特殊工种作业人员无证上岗现象严重，没有认真执行人员升、入井记录和检查等安全制度。

这两起重大责任事故都有一个醒目的共同点：没有严格执行安全制度。其实仔细分析，许多重大安全事故的发生，并不是由于少法律、缺规章、无制度因素所致，而是少措施、缺管理、无落实、不执行的原因所为。不是吗？不少单位和企业，把安全制度当"装饰品"贴在墙上，把安全规章做"框框"挂在墙上，目的是为了对照执行，预防事故，而是为了应付检查，搞形式主义，做表面文章。全工作说起来重要，用起来次要，干起来不要，出了事故后又觉得必要；对安全规章，说起来是那么一回事，忙起来又忘了那么一回事，出了事又想起那么一回事。规章制度不狠抓贯彻落实，不认真执行，不出事故才怪呢。

谁都知道，安全规章制度的制定最根本的目的是为了规范和约束人的行为，减少和避免事故的发生。制度不仅要人看，而且要人记，更要人去做。内容再好的规章制度，不去认真贯彻、不去认真落实，只能是纸上谈兵，形同虚设。七台河东风煤矿作为国有重点煤矿，你能说这么大的采煤企业，其安全生产方面的各规章制度会"缺张少页"吗？你能相信矿长和总工对安全规章"不知道"吗？也许随便也能抱出好大一摞来，也许在明星企业的"光环"之下还是"安全生产企业"。结果怎样，还不是在规章制度面前照样发生了事故，可谓是对安全规章说"不知道"是假，不落实才是真。因此，再多、再好的规章制度关键在于很好地贯彻实，不要以为把规章制度写在纸上、挂在墙上、喊在嘴上就可万事大吉，就可高枕无忧，"太平无事了"了，而应该把它从纸上、墙上"请"下来，"贴"在每个人的心上，"走"进每个人的生活中，"写"在每个人的行动上。

优秀的制度在于优秀地执行，没有执行，再好的制度也不过是一张废纸。而且有制度不执行或不严格执行，产生的后果往往比没有制度还要坏。如果广大员工看到制度只是挂在墙上、写在纸上而得不到有效落实，那后果就会跟"破窗理论"中的那扇破窗一样，更多的人会将墙上的安全仅仅当成墙上的安全而已，根本不会再想着去落实、去执行了。所以，制度要强化而不是"墙化"。只有每一个员工都扎扎实实地落实了，认认真真地执行了，制度才有了意义，行动也才有了活力，安全才有了保障。

8.

只有严守规章才能有效防范安全事故

　　安全工作中常常听到这样一句话:违章操作等于自杀,违章指挥等于杀人!听起来似乎有些危言耸听,但事实就是如此,习惯杀人,违章杀人,习惯性违章更是杀人无数。翻开每一次事故通报,那一桩桩、一件件血淋淋的事实,给我们敲响了一次次警钟,追溯事故发生的根源,罪魁祸首都是违章!

　　1998年9月9日,某矿业公司推土机工王某加油时发现44号推土机不能启动。班长刘某检查为电瓶缺电,决定采取将勾车(将另一台车的有电电瓶和缺电车的电瓶相连接启动缺电车)的方法处理。因为44号推土机靠近油库,不便操作,刘某便驾驶36号推土机在44号推土机右侧,用铲子将44号推土机顶着向前行进了5米左右,这时,刘某听到油库工司某大声喊叫,就赶紧停车,停车后发现王某倒卧在44号推土机左侧履带前端地上。原来,刘某在推车前未发现王某站在左侧履带后方时把王某绞入履带与上方走台之间,并随履带向前移至履带前端,身体受到挤压受伤,送到医院抢救无效死亡。刘某违反安全确认制的规定,违章贸然动车是这次事故发生的直接原因和主要原因;王某站在履带上操作,其违章行为也是这次事故的直接和主要原因。

　　2004年7月14日,重庆市江北区石马河山水丽城工地开始拆卸一台塔机,9时30分左右,在拆卸第二个标准节时,塔机顶升套架及以上部分突然向前臂方向倾翻,造成塔机上操作和拆卸人员4死1伤的重大事故。事故原因就是违章操作。

　　1990年9月11日14时,建造"长江明珠"号轮的班组长召开碰头会，机电车间钳工组长提出需要一名电焊工，配合舵机房、锅炉房的钳工，焊接拉杆和废气锅炉手动安全泄压阀滑轮固定支架。电焊组长安排焊工韩某某参加配合。当晚19时左右，韩某某按钳工陈某某确定的焊点，到一楼开始焊接三个锅炉上方顶部支架。在焊第一个支架时，钳工张某某手托支架，由于电流过大，将二楼甲板烧穿（直径约0.6厘米），韩调整电流后，继续施焊。在焊接第三个支架时，陈某某接替张某某。在9号囤船上的专职消防员邓某见"长江明珠"轮二楼甲板上有一道被电焊烧红的约10公分长的红杠，离红杠不远处餐厅内堆放有聚氨酯硬质泡沫和木条，即翻上该轮到一楼锅炉房内告诉了韩、陈二人。但韩、陈继续施焊，在焊第四个支架时，因电流过大，又将二楼甲板烧穿，尔后韩携电焊机到9号囤船上换焊机接头。此时邓某又告诉韩，请他们注意防火，韩未理睬。与此同时，陈某某到二楼见到了可燃物，也未引起重视，没有将可燃物排除。约30分钟后，韩某某回到锅炉房，与陈某某继续施焊。在焊接第五个支架的过程中，突然听见有人喊"好大的烟子，燃起来了"，韩、陈才停止施焊，但火灾已经发生。这也是一起典型的未能落实规章制度而导致的重大事故。

违章不一定会造成事故，但事故的发生一定有多处违章。一桩桩一件件，细究起来，哪一件不是违章引起的祸端？仔细想来，几乎所有的事故背后都有违章魔影在浮动。

可见，只有严格遵章守纪，才能保证安全。只有每一位员工都养成遵章守纪的习惯，把"我要安全"当成一种习惯，才能杜绝事故发生，安全生产也才真正有了保障。

怎样养成遵章守纪的好习惯呢？首先要拥有安全第一的使命感、强烈的安全责任心和兢兢业业、严谨细致的工作作风；其次要有严谨的自觉自律精神，时刻提醒自己注意安全，戒除各种不安全心理状态，始终将安全规程作为自己的行为指南，坚守职责，严守规章，不会未经许可开动、关停、移动机器，或是未给信号就开动、关停机器；绝对不会用手代替工具操作；绝不会把工具、特料或是机具乱扔乱放；绝对不会冒险进入危险场所、危险搭车、危险攀爬、蹬坐；绝对不会在起吊物、危险悬挂物下作业、停留、休息；绝对不在机器运转时，进行加油、修理、检查、调整、清扫等工作；绝对不会酒后作业、带病作业、疲劳作业、带情绪作业。

养成遵章守纪安全好习惯的员工，一定会做好自身的防护，绝对不会不戴目镜或面罩，不戴防护手套，不穿绝缘鞋，不戴安全帽，不戴呼吸护具，不系安全带；习惯于遵章守纪的员工也绝对不会有侥幸心理、逞能心理、自负心理、冒险心理、好奇心理，他们知道任何一次违章，都有可能带来不可想象的后果，哪怕是小小的一次违章。因而只要在岗，他们一定是最循规蹈矩、踏踏实实、认真负责的员工。

事故不难防，重在守规章；最大的祸根是失职，最大的隐患是违章。只要我们真正把规章制度、操作规程当成生命之友，安全之伞，就能够站在安全生产的主体地位上，实现安全生产。

第三章
十次事故九次违章,杜绝事故必须根除违章

　　常言道,十次事故九次违章,有90%以上的事故都是因为违章导致的,可见违章违纪是事故最大的源头。所以,要杜绝事故,减少伤亡和损失,最为重要的,就是根除违章。

1.

违章是事故之源，十次事故九次违章

我们经常说，十次事故九次违章。听起来似乎有些夸大其辞、危言耸听，但实际上，事实正是如此。无数的事故都是由违章引起，一起又一起事故的背后，都是因为违章违纪而导致，违章违纪正是事故之源。

　　某年 4 月 27 日的某建筑工地上，工程包头张某向市建筑公司经理李某某提出工期紧，要上水泥空心板的事。李某某问："空心板啥时间打的？"张某回答，是本月 22 日打的。李某某明确答复："不能上，最快也得过半个月以后才能上"。4 月 29 日下午，张某在工地向施工班组的组长郭某安排上水泥空心板，郭某当时提出 4 月 22 日打的板，才一个星期，时间短不能上。随即张某叫工人陈某带撬棒到打板场作了简单检查，回到工棚后对郭某说，"板硬棒着哩，质量还可以，再保养两天就可以上了"。4 月 30 日下午，张某又到工地催郭某抓紧上板，延长工期要罚款。5 月 1 日 8 时，郭某根据张某的决定派李某、王某等五人在房顶安装水泥空心板，当上到第二决板时，挂有水泥空心板的拖车一个车轮压到上好的第一块板上，该板突然断裂下落，在房顶施工的王某随断折的板掉下地面，拖车把将李某从房顶打落到地面上，导致一亡一伤的严重后果。

　　这是一起典型的违章指挥责任事故。张某不听劝告，强令冒险作业，有章不循，违背规定，为赶工程进度，强令工人盲目蛮干，造成了一死一伤的严重后果,构成重大责任事故罪,被判处张某有期徒刑 2 年。

1991 年 10 月,铁道部第十九工程局建筑公司第一工程队在辽宁盘锦市辽河油田勘探局热电厂中心试验楼施工。18 日 15 时 40 分,进行第四层楼板的吊装作业,当 28 块楼板吊上,分 7 堆摆放在第一、二间屋面上时,500×200 毫米的钢筋混凝土进深梁突然折断,重量及冲击力将第二、三层楼板砸断直落一层地面,在楼上作业的 9 人从 13.6 米高处随之坠落,造成 3 人死亡,3 人重伤,3 人轻伤,直接经济损失约 95000 元。

事故的直接原因就是违章作业。一是在进深梁混凝土养生期不够、强度不够的情况下上楼板,是酿成此事故的直接原因。进深梁于 10 月 12 日现浇之后气温急剧下降,12—18 日的平均气温为 11.3,推算该梁 6 天的混凝土强度只达设计的 25—30%左右。为赶工期提前上楼板,造成上楼板后将进深梁压断。二是盲目蛮干。进深梁上集中超负荷堆放楼板,是造成事故的重要原因。按设计要求,该梁达最终强度时可承受 2.114 吨/米,而 30%的强度时只能承受 0.63 吨/米,实际荷载 1.89 吨/米,超出 3 倍。

1998 年 7 月 8 日,某焦化厂厂焦侧班长杨某某和炉门工刘案桌在检修时刮 6 号和 16 号 J9 边焦油。在装 6 号炉门时,为了争取时间把 16 号刮完,让刘匆紧螺丝。刮完 16 号后,杨就将拦焦车开到 4 号,对好导焦栅准备出焦。这时,拦焦车司机已来,杨对司机交待了一下"刮完焦油未紧螺丝"就下去喝水。4 号焦出完后,炉门工刘某提前松 6 号螺丝,另一炉门工芦某某站在 6 号炉门清理 4 号剩下的焦油,刘某松完 6 号炉门下面,准松上面,扳手一动,炉门倒下,将站在一旁的芦某头部砸伤,当即死亡。

事故原因正是炉门工刘某违章作业,提前松螺丝的违章作业,而炉门保险装置又未使用而导致的。

2008 年 3 月的一天中午,某矿掘进二队老周和工友们入井来到碛头,班长安排老周和小吴、小张负责打眼放炮,其余人则准备所需车辆。分工完毕后,小张对老周说:"我们还是先处理安全,把锚杆打到碛头了再打眼,这样施工才稳妥。"

　　老周却不以为然："没事儿,你看顶、邦都好好的,拿撬棍处理下就行了。"说完,老周就开动风锤忙了起来。

　　不一会儿,只见小吴跌跌撞撞跑了出来"快,快救人,老周被垮下来的石头压着了!"

　　大伙儿急忙丢下手中的活,向碛头跑去。通过一番努力,才把老周从大石头下慢慢地救了出来。老周是班里的安全技术骨干,工作经验非常丰富,但是他却违章作业,造成自己左大腿腿骨断折、破裂,小腿腿骨一处粉碎性骨折。老周对安全规章制度、作业规程置若罔闻,为图省事省时,只凭经验,思想麻痹,没有按章作业才导致这起安全事故的发生。

　　……

　　一个个鲜活的生命就倒在了一次次的违章之下,一桩桩血淋淋的事故,再一次向人们证实了"一次违章不一定会发生事故,但每次事故却一定是违章的结果"这样一个简单而明白的真理。

　　违章者大都认为一次违章不一定引发事故,发生事故也不一定会造成人员伤亡。所以,总是麻痹大意,不以为然,久而久之,就习惯了这种违章违纪,继续乐于"省心、省力、省事"的坏习惯,慢慢地淡化安全意识,安全观念消失,养成了违章习惯,也为事故的发生埋下了隐患,各种各样的安全事故发生也就在所难免了。所以,要消灭事故,一定要重视违章违纪的问题,不能听之任之,放任自由,形成违章习惯,这样只会最终害人害己。

2.

违章操作就是自杀，违章指挥就是杀人

我们在安全工作常常说这样一句话："违章操作等于自杀，违章指挥就是杀人。"听起来似乎有些危言耸听，但实际上这正是从无数血淋淋的事实中提炼出来的一句安全箴言。习惯杀人，违章杀人，习惯性违章更是杀人无数，损毁无数。翻开每一次事故通报，那一桩桩、一件件血淋淋的事实向我们敲响了一次次警钟，追溯事故发生的根源，罪魁祸首都是违章！

2006 年 12 月 28 日 7 时 50 分，沈阳新北热电有限公司 4 号锅炉 A 侧原煤仓发生棚煤输煤口堵塞情况，为看个究竟，燃料部的一名职工在没有任何防护措施的情况下下去查看，可很长时间过去了，却没有一点声音，跟着，第二个、第三个、第四个职工都下到煤仓，却再也没能上来⋯⋯

1991 年 5 月 30 日，广东省东莞市兴业制衣厂由于工人违章用火引发了一场特大火灾，造成 72 人死亡，47 人受伤。

2009 年 5 月 19 日 18 日 20 时 15 分，天津市临港工业区渤化永利热电有限公司在进行烟囱内筒安装作业时，由于违章操作发生烟囱内筒坠落，造成一起重大安全生产事故，导致现场施工人员 12 人死亡、11 人受伤。

2009 年 3 月 23 日下午 3 时 04 分，在涪陵境内的重牵工业集团公司 45 万吨合成氨/80 万吨尿素项目施工现场发生一起重大安全事故——一尿素装置造粒塔施工作业平台垮塌，造成 12 人死亡、2 人受伤。其原因也是因为未能按照安全规程操作。

违章操作就等于自杀！数不胜数的案例一再用血淋的事实证明了这

一点。太多的职工都是因为自己的违章造成自己受伤甚至死亡,这难道不是自杀吗?当然,并非所有的违章作业,都会导致自我伤害。如果每次违章,都必然导致自我伤害,相信违章的人会大大减少。但正是因为不是每次违章都会导致事故,因而使很多员工滋生了麻痹大意侥幸心理,最终把自己推向自我伤害的绝路。

因而违章指挥就不仅仅是自杀,而是赤裸裸的杀人了!这不是危言耸听,这是从无数血淋淋的事故中得到的最大的经验和教训。

> 某电力安装分公司领导违反这一规定,违章指挥,发生一起群伤事故。那天,送电一班接受将142号杆移位顺直的任务,8时许,天下起小雨,继而风雪交加,施工遇到困难。在工地的班长即用电话请示分公司经理刘某,要求停止工作。但刘某考虑应尽快送电,便让副经理姜某带领二班去支援。姜某到现场后,既未交待任务,又未布置安全措施,便让大家干起来。结果在忙乱中,因电杆埋深不够而倒杆,造成两人重伤,两人轻伤。

> 某公司还曾因为班长常某习惯性违章指挥,造成群亡、群伤的特大事故。那是立完了10千伏线路18号电杆后,常某带领全班安装此杆的横担。在施工中,常某让作业人员把一根新线绳的一端绑到杆的头部,下端绑到汽车尾部小横梁上,然后进入驾驶室,让司机开车。起车2米左右,由于拉绳没解开而将电杆从地面处拉折。在杆上作业的5人中,有3人摔伤死亡,1人重伤。常某因重大责任事故罪而被判处有期徒刑3年。

违章指挥就等于杀人!虽然不是故意杀人,但只要造成事故,就免不了会有伤亡,而且,违章指挥不出事故便罢,一旦出事,造成的往往是对他人的伤害,而且非死即伤,严重的还会造成群体伤害,这不等于就是在变相地杀人吗?

可见,"违章操作等于自杀,违章指挥就是杀人"绝不是一句故作深沉、危言耸听的话,而是令人不寒而栗的现实!

3.

彻底根除违章才能全面杜绝事故

违章违纪如同一颗随时可能引爆的炸弹,工作人员一旦违反安全规章制度,就相当于点燃了炸弹的导火索,等同于将锋利的匕首刺向自己的心脏,是自取绝路。只有拒绝违章、彻底根除违章,才能真正杜绝事故,保证安全。

　　1999年3月20日,某煤矿中采六井当班人员执行施工探巷,正常进尺的生产任务。在打完第二遍炮眼,放完炮后,局部通风机停风,开始出煤,煤快出完时,一名工人违反劳动纪律在井下点火吸烟引起瓦斯爆炸,造成死亡5人,伤2人。

　　检查组的调查认定:事故的直接原因是该探巷工作面停风,造成瓦斯积聚,工人吸烟引起瓦斯爆炸。同时因为该矿井管理混乱,没有正规的机械通风系统,井下局部通风机随意关停,没有配备专职瓦检员,瓦斯管理失控。矿井以包代管,忽视管理,未执行入井检身制度,使工人经常带烟、带火入井;该矿招收工人安全素质低,防护意识差。这是典型的"三违"事故。

世界上最宝贵的是生命。拥有生命,就是最大的财富、最高的荣誉、最大的幸运了,还奢望什么呢? 然而总是有一些员工不明白这样的道理,总是有员工不把安全放在心上,总是有些企业视生命如同儿戏,一点都不知道珍惜,更没有想到违章会造成生命的失去。殊不知,违章行为不杜绝,就像埋在我们身边的一颗定时炸弹,说不定什么时候就会爆炸,真正到了那时候,已经悔之晚矣。

　　2004年12月6日凌晨,马钢一铁总厂9号高炉在更换1号风口小套复风引煤气过程中,因高炉重力除尘器放散阀关不严,不能正常引煤气作业,当班工人周某、值班钳工王某等5人上除尘器顶部平台处理,因煤气过大,造成周、王两人现场煤气中毒,后送马钢医院抢救无效死亡。

从现场调查了解分析,造成这起工亡事故的直接原因就是9号高炉重力除尘器放散阀关不严煤气泄漏,而间接原因则是安全管理不够严,未能严格执行有关管理制度;职工自我防护意识较差;现场监督检查不力。其具体表现就是,参与抢修现场作业的5名工人为了省事,在煤气区域作业时未按规定戴空气呼吸器,没有随身携带便携式CO报警器,最终酿成死亡2人的事故。

一时的疏忽,带来的却是生命的终结!就为了那一会儿的方便,却把自己的生命当儿戏,终究尝到了痛苦的滋味,只是这时已经晚了。

违章是导致事故的人为因素,只有杜绝麻痹大意的思想,彻底根除习惯性违章的侥幸心理,才能从根本上杜绝习惯性违章行为的发生。

眼下,一些人思想上对违章认识有偏见,违章屡见不鲜,屡纠屡犯,有些人认为大家为之,我也可以为之,认为习惯性违章是"合理的"。有的人用习惯性违章而未发生事故的偶然性否定出事故的必然性,这些都是极为危险的想法和做法。

"违章就是事故",不根除违章就不可能消除事故。所以,我们每一个人都必须杜绝人身伤亡和人为责任事故,把安全管理重点由事后处理向事前预防和过程控制转移。树立"违章就是事故"的理念,真正把事故消灭在萌芽状态,才能真正保证安全!

4.

反违章防事故人人有责

安全是所有人的共同需求，也需要所有人的共同努力。安全问题并不是某一家企业、某一个班组或是某一个员工的事，安全工作是关系到国计民生的大事，关系到每一个企业每一个员工、每一个家的大事。安全与每一个人都息息相关，安全工作，人人有责，安全工作没有任何旁观者，更没有任何局外人。人人都是安全工作的责任人，每一个职工都肩负着反三违保安全的重任。

2009 年 10 月 7 日贵州威宁县东风镇采煤窝点瓦斯窒息事故共造成 10 人死 4 人受伤，这起事故发生的直接原因是该非法采煤窝点为独井开采，无通风设施，井下班组无风作业，导致作业人员缺氧窒息，而且班组没有安排适时自救从而造成重大伤亡。

2009 年 11 月 26 日，贵州兴仁县潘家庄镇振兴煤矿煤瓦斯突出事故发生的直接原因是振兴煤矿井下 2151 运输巷掘进工作面防煤与瓦斯突出工作不到位，未能有效突破，使得掘进迎头在施工锚杆作业时诱发煤与瓦斯突出，造成 10 人死亡、2 人重伤、2 人轻伤。

一人违章，全班甚至全企业的员工都会跟着遭殃，安全怎么会是某一个人的事？就算你不在这个班上，不可能受伤，但安全事故一出，必然会使企业效益受到损失，而企业的损失就是员工的损失，对于任何一个员工的效益而言，都会受到影响，又岂能与你无关？

2001 年 7 月 17 日发生在广西南丹县大厂矿区龙泉矿冶总

厂拉甲坡矿的特大透水事故,这是一起因南丹县大厂矿区非法开采,以采代探,乱采滥挖,矿业混乱,违章爆破引发特大透水的重大责任事故。事故造成81名矿工死亡,直接经济损失8000余万元。这样重大的损失,不仅是伤亡职工和家庭的重大损失,更是全体员工的巨大损失!

可见,反违章防事故,绝不是领导或是安监员的事,更不是某一个职工的事,而是全体职工义不容辞的责任和义务。与我们每一个人都息息相关,反违章人人有责也人人有分,根本没有旁观者和局外人。

但是我们也看到,在集中开展反习惯性违章活动中,存在着这样一些不正常现象:一些职工认为"反违章是安全监察部门和领导的事情",与自己毫不相干,对反违章缺乏主动性、积极性;也有部分职工认为,多一事不如少一事,自己管好自己就可以了,睁只眼闭只眼;还有职工认为,领导又没有授权,对制止他人违章心存疑虑,怕受到别人的攻击和冷眼,弄得自己也下不了台,不如视而不见。有的班组长或职工不能打开班组界线,对本班组的违章行为敢说敢管,而对其他班组的违章行为"明知不对,少说为佳"。有的认为反习惯性违章是安监部门的事,与己无关,因而对反习惯性违章工作缺乏应有的热情;有的职工认为"自己管好自己就行了",对制止他人习惯性违章行为则存有疑虑。这些现象对反习惯性违章工作干扰很大,必须加以纠正。每一个员工都应当从以下方面加深安全认识,防范安全事故:

首先,反习惯性违章是每个职工义不容辞的责任。每一个员工要对自己的安全负责。一个人生存的首要前提就是要具备保护自己生命不受伤害和威胁的能力。自己的安全自己管,这是不能靠别人的。一个职工如果自己没有安全意识,每天上班都不能遵章守纪,这首先是对自己的不负责,是置自己的安全于不顾。一旦违章,可能最先伤害的是自己,那么,反违章能与你没有关系吗?

其次,员工要监督和制止班组的违章行为。对习惯性违章行为,每个职工都有权监督,有权制止。看见习惯性违章行为不劝说,不制止,本身就是一种习惯性违章做法,也应在克服和洁除的习惯之列。制止习惯性违章行为,既是对违章者负责,对企业的安全生产负责,也是对自身负责。

因为在企业实行重奖重罚的情况下，不只要重罚习惯性违章者，而且要重罚监护失职者。在集体作业中，每个职工仅仅管好自己是不够的，还必须履行好监护他人的责任，为他人的安全提供帮助。被监护的职工，应当尊重他人的监护权，当自己的习惯性违章行为被劝止时，应坚决终止违章行为，服从监护。每个职工都是监护人，又都是被监护人，每一个职工都有不违章不违纪的责任和义务，所以，反习惯性违章没有"旁观者"、"局外人"。

第三，防范习惯性违章，关系到每个职工的利益。预防习惯性违章，消除诱发事故的温床，关系到整个企业的安全生产，也关系到每个职工的切身利益，这一点是不言自明的。如果因习惯性违章而诱发事故，所造成的损失，绝不是局部的损失，将会直接危及整个企业的安全生产，损害整体的经济利益。而企业的安全生产状况如何，又必然影响到每个职工的切身利益。如果企业事故频发，经济效益上不去，职工个人要增加劳动收入，是不现实的。只有企业实现了安全生产，保证了经济效益的提高，职工个人的劳动收入才会"水涨船高"。所以，每个职工都应明白"一损俱损，一荣俱荣"这个道理，以主人翁的姿态和积极参加反习惯性违章的实际行动中，才能维护企业安全生产的大局。

第四，彻底反习惯性违章，需要每一个员工的积极参与和认真行动。广大职工是反习惯性违章的主体，只有动员和依靠广大职工，才能实现安全生产。安全生产说到底，是广大职工自己的事，也只有依靠广大职工形成整体的合力，才能开展好反习惯性违章这项工作。所以，每个职工都应把反习惯性违章当成自己的大事来办。各有关部门都要同心同德地抓好反习惯性违章工作，不但要积极同安监部门配合，还应从业务工作的角度，研究和制订预防习惯性违章的措施，在主管的工作范围内消除习惯性违章。只有把广大职工群众和各有关部门都动员起来，视习惯性违章为非法行为，才能彻底纠正习惯性违章及铲除它得以滋生的土壤。

5.

谨守"三不"原则,增强安全意识

安全不是单个人的事,而是大家的事,是所有人的共同的目标。因而,每一位员工都要正确认识到安全不是一个人的问题,而是你中有我、我中有你,是一张上下关联、环环相扣、复杂而又紧密相连的网,让人人都重视安全,时刻关注安全,真正把"三不"原则落到实处,才能保证每一个员工的安全和效益。

所谓"三不"原则,就是"不伤害自己,不伤害他人,不被他人伤害",这不仅是我国为减少生产中的人为事故而采取的一种互相监督、互相督促的安全生产原则,也是每一个员工在工作中应当秉持的基本的态度。其实也就是"自己的安全自己负责,他人的安全我也有责,企业安全我要尽责",是保障生命安全的重要保证。"三不"原则具体为:

1. 不伤害自己

不伤害自己,就是要提高自我保护意识,不能由于自己的疏忽、失误而使自己受到伤害。它取决于自己的安全意识、安全知识、对工作任务的熟悉程度、岗位安全技能、工作态度、工作方法、精神状态、作业行为等多方面因素。严格按照"三大规程"作业,在任何时候都不能违章作业,并且要严格按要求佩戴劳动保护用品,在作业中知道如何保护自己,以达到不伤害自己的目的。当然最为关键的是自己要有一个珍爱生命的意识,时时把安全放在心中,握在手上。每一个员工都要做到:

(1)保持正确的工作态度及良好的身体心理状态,保护自己的责任主要靠自己。

(2)掌握自己操作的设备或活动中的危险因素及控制方法,遵守安全规则,使用必要的防护用品,不违章作业。

(3)在使用设备前,确认无伤害威胁后再实施,三思而后行。

(4)杜绝侥幸、自大、省能、想当然心理,莫以患小而为之。

(5)积极参加安全教育训练,提高识别和处理危险的能力。

(6)虚心接受他人对自己不安全行为的纠正。

2. 不伤害他人

不伤害他人,就是自己的行为或后果,不能给他人造成伤害。在多人作业同时,由于自己不遵守操作规程,对作业现场周围观察不够以及自己操作失误等原因,自己的行为可能对现场周围的人员造成伤害。他人生命与你的一样宝贵,不应该被忽视,保护同事是每一个员工应尽的义务。每一个员工在工作中时时刻刻绷紧安全这根弦,严格遵守劳动纪律,坚持按章作业,在操作中不要有任何侥幸心理。安全是靠实实在在的工作实现的,通过严谨的工作,真正做到"任何违章都可以预防",为周围的工友创造安全的工作环境,保证不伤害他人。具体要做到:

(1)每一个员工的活动随时会影响他人安全,尊重他人生命,不制造安全隐患。

(2)对不熟悉的活动、设备、环境,多听、多看、多问,做必要的沟通协商后再做。

(3)操作设备尤其是启动、维修、清洁、保养时,要确保他人在免受影响的区域。

(4)自己所知道的、造成的危险要及时告知受影响人员、加以消除或予以标识。

(5)对所接受到的安全规定、标识、指令,认真理解后执行。

(6)管理者对危害行为的默许纵容是对他人最严重的威胁,安全表率是其职责。

3. 不被他人伤害

不被他人伤害,就要求每个人都要加强自我防范意识,工作中要避免他人的错误操作或其他隐患对自己造成伤害。人的生命是脆弱的,变化的环境蕴含多种可能失控的风险,自己的生命安全不应该由他人来随意伤害。每一个员工都要树立强烈的自我保护意识。不仅自己不要有"三违"行为,还要及时发现和防止他人有"三违"行为。在作业中,要坚决抵制"违章指挥",坚持不安全不生产,时刻保持警惕,保证自身安全。只要我们人人做到"三不伤害",安全就有了保障,生命就不会受到任何威胁。

(1)提高自我防护意识,保持警惕,及时发现并报告危险。

（2）经常把自己的安全知识及经验与同事共享，帮助他人提高事故预防技能。

（3）不忽视已标识的潜在危险，并尽力远离，除非得到充足防护及安全许可。

（4）即时纠正他人可能危害自己的不安全行为。

（5）冷静处理所遭遇的突发事件，正确应用所学安全技能。

（6）拒绝他人的违章指挥，即使是上级领导所发出的，不被伤害是每一个人的权利。

"不伤害自己，不伤害他人，不被他人伤害"，说起来似乎很容易，人人都会说，但真正做到就不容易了。但"三不原则"却是我们员工保证自己生命安全的重要途径。只有时刻把"三不"原则放在心中，提高安全意识，养成安全习惯，每一个员工都能在工作中做到"三不伤害"，安全才可能有保障。

6.

严反"三违"行为，杜绝违章行为

所谓"三违"，是指"违章指挥，违章操作，违反劳动纪律"的简称，也是企业员工在生产过程中不按章程办事的违章行为的统称。

"三违"是人的不安全行为所导致的各类事故的罪魁祸首。据统计，安全事故中有90％以上都是因为"三违"而导致的，绝大部分伤害生命、影响安全的重大事故中都有"三违"的魔影在闪动。

1999年3月20日，某煤矿中采六井当班人员执行施工探巷，正常进尺的生产任务。在打完第二遍炮眼，放完炮后，局部通风机停风，开始出煤。煤快出完时，一名工人违反劳动纪律在井下点火吸烟，引起瓦斯爆炸，造成死亡5人，伤2人。

经事故调查组的调查认定：事故的直接原因是该探巷工作面停风，造成瓦斯积聚，工人吸烟引起瓦斯爆炸。

该矿井管理混乱，没有正规的机械通风系统，井下局部通风机随意关停，没有配备专职瓦检员，瓦斯管理失控；矿井以包代管，忽视安全管理，未执行入井检身制度，使工人经常带烟、带火入井；该矿招收工人不经培训就上岗作业，导致工人安全素质低，防护意识差。这是典型的"三违"事故。

1999年3月27日，某矿业公司的煤矿工人在工作面机尾处移动运输机、移架子和维护顶板时，发生煤尘爆炸，共死亡17人、重伤7人、轻伤27人。

事后经事故调查组查明：事故的直接原因是由于放炮员违章放糊炮崩大矸石而引起煤尘爆炸事故。而放糊炮时跟班的区长、安监员都在现场，却未予制止。炸药管理混乱，领退炸药的制度不落实，是造成这次事故的重要原因。

像这样因为"三违"而导致死伤的事故实在是数不胜数，因为"三违"而受伤害甚至失去宝贵生命的现象也屡见不鲜。所以反"三违"也是反违章防事故的重头戏。只有严格杜绝了"三违"，才能全面防范事故。

某项目部在放电缆时，一名工人认为电缆桥架只有二米多高，掉下来也没事不用带安全带。结果在放电缆过程中，由于电缆惯性，该名工人连人带电缆一同掉下来，造成该名工人左小腿骨折。

该类事故屡见不鲜，也是未注意细节造成的，工人在工作上存在侥幸心理，他们认为"违章不一定出事，出事不一定伤人，伤人不一定伤我"，正因为未能遵循安全操作的细节，未采取安全保护措施，最终造成恶果。

违章不一定出事故，出事故必是违章。绝大多数的事故都离不开"三违"。根据对全国每年上百万起事故原因进行的分析证明，95%以上的事故都是由于"三违"而导致的。"三违"正是发生事故的最大诱因,事故也是"三违"导致的直接后果。所以,要防范事故,杜绝事故,就一定要严反"三违",杜绝"三违"。

7.

执行劳动纪律,不绷紧纪律的弦就弹不出安全的调

劳动纪律是用人单位制定的,劳动者在劳动过程中所必须遵守的规章制度,也是组织社会劳动的基础,是保证劳动得以正常有序进行的必要条件。职业道德是劳动者在劳动实践中形成的共同的行为准则。这些准则正是安全生产的前提和保障。如果把安全生产比作弹琴的话,那么纪律就是那几根琴弦;不能绷紧纪律的弦,就不可能弹出安全的调,就避免不了会出事故,避免不了伤亡和损失。违反劳动纪律也是事故发生的重要原因之一。

工作中,千万别认为"我就走开一会儿"不算什么大事,也千万不要认为"反正没事,我睡一会儿还能养足精神",在岗一分钟,我们就要保证安全六十秒;在岗就要负责,绝不能把这些当成小事。因为这些看似平常的小事,有时恰恰就是至关重要的那一点,就会导致重大事故的发生,就会造成不可挽回的后果,后悔也来不及。

有些员工小看这些行为,认为这些行为不过是小事,对安全生产关系不大,更不会对自己的安全造成大的影响,所以就无所畏惧,并最终养成了不好的习惯。殊不知,违规违纪正是发生重大安全事故的重要原因,也正是造成重大人身伤害的直接源头。

所以,作为一个员工,不论何时何地做何种工作,责任心一定是第一

位的，遵章守纪一定是第一位的，这样不仅是我们做好工作的前提，更是我们岗位安全、生命安全的基本保证。

需要注意的是，违反劳动纪律和安全生产规章制度，不论是否造成事故，都属于违章违纪，都应当予以处罚，如果造成重大伤亡事故，不仅要予以严厉处罚，还要追究刑事责任。所以，在班组的安全管理中，首先要对违章违纪行为进行严格管理，要坚决杜绝上岗上班期间擅自脱岗、睡岗、串岗，班前班上喝酒，无证违章操作等行为。要教育和告诫职工，对违章违纪行为进行处罚的目的，不是与谁为难，而是切切实实为了安全生产、安全作业，为了职工的安全和大家的安全。

8.

摒弃经验主义，靠经验不如守制度

什么是经验主义？就是只靠经验不重现实的一种做法。不可否认，经验是重要，经验可以让我们轻松地面对很多问题，经验可以让我们从容不迫，经验可以让我们避轻就重解决很多实际的难题。但是经验不是绝对的，完全依靠经验是盲目的，并且自己最终会被经验所害。

伊索寓言里有这样一个故事：

一头驴子，帮助一个商人驮货物，第一次它驮的是盐，盐很重，到了小河边，驴子觉得这袋盐重得实在不行了，而且河边很滑，长满了青苔，驴子不小心摔了一跤，跌到了河里，它好不容易才爬了起来，这时他发现背上的盐轻了好多。商人埋怨驴子，你毁了我好多的盐。驴子才不管呢，反正盐很轻了，它轻轻松松就到了家门口。第二天，商人又带驴子去运货，这次的货物是棉花，虽然棉花很轻，但是棉花很多，聚起来就会很重，驴子想没关系,到了小河边就好了,到了小河边我要装得像上次一样,再摔一跤,到了小河边,驴子故意叫了声"哎哟",商人说你今天又把棉花弄湿,驴子想今天我要在水里多待一会儿,让货物轻一点,不然的话,货物一定轻不了多少的。谁知等驴子站起来时,怎么也站不起来了,因为棉花吸了水,驴子"哦哦"叫了两声就被河水淹死了。

这就是我们从小就听过的故事《驮盐的驴》。这头倒霉的驴就犯了经验主义的错误。

其实经验主义也是违章操作的主要原因,违章人员对工作中的不安全因素和各种违章行为的危害性认识不足,为了省事,偶尔违章一次也没有导致事故发生,并且省了不少的事,认为违章似乎也没那么危险,违章人员就会产生"小河沟里难翻船"的侥幸心理。久而久之,违章行为逐渐形成"经验主义",而这种"经验主义"又滋生侥幸心理,长此以往,灾难性的事故必然会发生,所以经验主义最害人。

"不可能出事,我们都是这样干的"、"从没出现过问题"是经验者最常说的话,可一旦出现新的状况他们就会不知所措。每天面对的工作不同,环境不同,具体问题不同,如果用一种方法解决,就会形成经验主义,历史告诉我们:经验主义害死人。

三国时诸葛亮"草船借箭"的故事家喻户晓,而且一直传为美谈,但也有误用的。

之后不久,开始了另一场战争,一方因军备不足,导致军心涣散。主帅因此非着急。这时,有位将领主动立下军令状,以项上人头担保第二天晚上必有大雾,他可以效法诸葛亮来个二次"草船借箭"。

第二天晚上,果然起了大雾,主帅大喜,命几十个士兵各驾一艘装满草人的小船驶向敌方水营,高声呐喊,用力击鼓。敌方军师获报后大惊,请示其将军:"如果让敌军攻到我军水营,后果不堪设想。请将军火速调派弓箭手,务必在敌船靠近之前……"将军挥手打断了他:"别叫弓箭手,去把那些新运到的投石车推过来……"

时代在不断前进，过去有用的知识现在未必适用。昨天他人用这种方法取得了成功，并不代表着今天你还能够靠它取得成效。故步自封和经验主义的心态必然带来损害。

在安全生产中，经验主义也是极其危险的理念和行为。有很多的事故，都是经验主义结下的苦果。

2007年6月17日，山东某电厂发电车间发生一起检修人员触电身亡事故。

6月17日上午9点左右，检修班电工郑某带领班组成员李某检修380V直流电焊机。电焊机修好后进行通电试验，情况良好，李某将电焊机开关断开。郑某安排李某拆除电焊机二次线，自己拆除电焊机一次线。约11点45分左右，郑某蹲着拆除电焊机电源线接头，在拆除一相后，拆除第二相的过程中意外触电，经抢救无效死亡。

事后，有许多干部职工根本不相信，甚至怀疑，这名职工与电老虎打了多年的交道，一直从事电气作业并获得高级维修电工资格证书，工作责任心强，安全技术全面从没有出过任何安全差错，没想到这次事故却发生在他的身上，简直是不可思议。

"与电老虎打了多年的交道，从没出过任何差错。"这次不该发生事故很可能正是"多年工作经验"掩盖下的麻痹大意和侥幸心理带来的。就是因为有丰富的工作经验，可谓熟能生巧。自己的思想麻痹，忽略了安全工作的细节而发生的事故，印证了一句俗话"河里淹死会水的人。"就是因为会水的人仗着自己有经验，结果因为不慎或遇意外而发生事故。这样的事屡屡皆是：有10年工龄的钳工，被机器轧断了手臂；有20年驾驶经验的老司机，出了车祸；干了半辈子的电工，触电身亡……

靠经验表面上看是重视安全，本质上却忽略了工作不断在变化的真理。如果不遵守规章制度，只是靠以前的经验，不及时根据具体工作行自身的调整，累积的小偏差就会从量变发展到质变。很多事故其实都源于这该死的经验,特别是一些老员工,养成了违章操作习惯的老员工,常常凭"经验"来处理事情。殊不知"经验"有时也是温柔的杀手,让人在麻痹中放松中失去了警惕性,事故不是凭经验就能预防的。过分依赖经验,不按规章制度作业,就会被经验所束缚,成为经验主义的最大受害者。其实,工作经验只能说明从事某项工作的熟练程度,决不等于有了经验工作安全就有了保障。相反,有了丰富的工作经验更应加倍警惕才是。所以,要保证岗位安全,就必须要抑制经验主义,别让害人的经验主义出来作祟,靠经验不如遵守规章制度,只有牢记规章制度,遵守规章制度,不违章操作,不违章指挥,才能真正保安全。

9.

提高安全技能,从技术上消除违章的可能

　　要确保安全,做好安全生产工作,不仅要提高安全意识,时刻把安全放在心上,更需要具备娴熟的安全生产技能,才能保证岗位生产安全进行,保证不出事故。

　　所谓安全生产技能,是指人们安全完成作业的技巧和能力。它包括作业技能、熟练掌握作业、安全装置设施的技能,以及在应急情况下进行妥善处理的技能。

　　安全技能实际上就是一个"会不会"的问题,然而"会不会"决定"能不能",只有会了,才可以做到不违章不违纪,才从技术上真正消除违章的可能,才能免除事故。如果一个员工盲目上岗,根本没有掌握必备的安全技能,什么都不会,别说紧急情况的基本处理,就连正常的操作都很有可能被他弄得不正常起来,本来什么事也没有,也极有可能突发事故。

　　深圳 A 船厂和大连 B 船舶公司签订合同,由 B 船舶公司承揽 17.6 万吨散货轮总组搭载船舶工程制造工作。2009 年 9 月 28 日 8 点左右，B 船舶公司焊工带班长李某安排王某、周某（两人无特种作业操作证）、申某到甲船厂结构工程事业部三角舱内进行焊接作业，周某、王某一组，二人将二氧化碳气体保护焊及电缆线、焊线、二氧化碳气管等拉到三角舱（上有 970 毫米×770 毫米人孔及 1200 毫米×800 毫米控补口的半封闭舱室）入孔下深 1 米的跳板上，王某接上电缆线，发现焊机不能正常工作，就喊周某调试。周某检查后将电缆线中一根断的电线连接好，并让王某将原扎着的二氧化碳气管打开连接到焊枪上（二氧化碳气管未经电磁阀），调试后正常，王某便拿着焊机下跳板到三角舱深处准备焊接筋板，周某出舱孔到 50 多米远的地面拉自己用的焊机电缆线、二氧化碳气管等，8 时 20 分左右，当周某返回三角舱时，发现王某趴在三角舱内，后经医务人员诊断王某已中毒死亡。

　　事故调查原因是作业人员进入三角舱作业过程中，焊枪上二氧化碳气管脱落致使三角舱内二氧化碳浓度升高，这最终导致王某中毒死亡。其原因居然是王某根本就没有特种作业操作证，也没有掌握电焊作业的基本安全技能，甚至根本不懂二氧化碳气体保护焊在电弧高温下的分解过程中会产生高浓度的一氧化碳，而一氧化碳与人体血液中输送氧气的血红蛋白具有极大的亲和力，所以一氧化碳经肺泡进入血液后，便很快与血红蛋白结合成"碳氧血红蛋白"，使血红蛋白失去正常的携氧功能，造成人体组织缺氧会引起中毒甚至死亡。缺少必要安全操作技能，正是导致本次事故的原因。

　　提高安全技能既是保证企业安全的需要，也是保证自己安全的需要，王某因为没有特种作业操作证，缺少必要的安全操作技能，不仅给企业带来损失，还赔上了自己的生命。可见安全技能跟不上，态度再好，再努力苦干，也是心有余而力不足，最后还会酿成大祸。

　　2000 年 9 月某市的一石油化工厂着火，所幸火势不大，没有带来人员伤亡。当晚李某值夜班，李某正在给单井高架火烧罐炉膛内加煤,突然发现原油罐顶闸门有一团明火。李某立即提着灭火器向罐顶冲去,并一边高喊"着火了"。当李某把灭火器提到罐顶时,却发现自己并不会操作它,于是冲向附近队部请求支援。队部的一位工友听到李某的喊声急忙打开灭火器进行灭火,可仍不能把火完全灭掉。闻声赶来的队干部说,这是电热带起火,必须首先关掉电源。于是赶紧去关电源,虽然火终于被扑灭了,但损失已经非常严重。

如果李某牢固掌握了安全技能,可能火势根本起不来,也不会带来经济损失。所以,员工必须牢固掌握安全生产技能,只有这样才能保证岗位安全,才能避免事故。

安全技能是岗位安全最为基本的前提、基础和保障,因而每一个员工都应当花大工夫学好岗位安全技能,才能做好自己的岗位工作,保证自己的岗位安全,做一个安全生产的优秀员工。

(一)电工岗位安全技能

预防触电的主要措施如下:

(1)电气作业人员对安全必须高度负责,应认真贯彻执行有关各项安全操作规程,安全技术措施必须落实。安装电气必须符合绝缘和隔离要求,拆除电气设备要彻底干净。对电气设备金属外壳一定要有效接地。电气作业人员要正确使用绝缘的手套、鞋、垫、夹钳、杆和验电笔等安全防护品与工具。

(2)加强全员的防触电事故教育,提高全员防触电意识;健全安全用电制度;严禁无证人员从事电工作业;使用电气设备要严格执行安全规程。

(3)针对发生触电事故高峰值带有季节性的特点做好防范工作。在高温多雨季节到来以前,要全面组织好电气安全检查,对流动式电动工具要列入严查范围。也要做好日常对电气的保养、检查工作。

(二)切削加工岗位安全技能

(1)操作者在上岗之前,应通过专门培训,取得相关设备操作证书。

(2)操作者在上岗之时,应首先熟悉机床特点,熟悉机床安全操作规程,掌握安全技术并接受专业人员的安全操作检查。

(3)检查机床安全防护装置,机床的危险部分是否有设计合理、安装可靠和不影响操作的防护装置(如防护罩、防护挡板和防护栏等),是否有松动或脱落等象。如发现安全防护装置存在问题,应立即组织人员检修,经检验合格后方能启动机器;如发现有松动或脱落现象,应紧固设备、夹具、工件,保持设备处于安态,保持工件固定可靠。

(4)检查机床上的安全保险装置,如超负荷保险装置、行程保险装置、顺序动作连锁装置和制动装置,装置是否齐全,功能是否正常有效。

(5)在切削加工过程中发现有异样,如有异响,有异味,有冒烟冒火情况,有失控现象,应立即停止操作,对设备进行检修。检修应在切断电源后才能进行。

(6)检查生产现场是否有足够的照明,照明能否看清设备和工件的各个部位。

(7)对噪声超过国家规定标准的机床,应查明原因,并采取降低噪声的措施。

(三)焊接工的岗位安全技能

(1)在氧气瓶嘴上安装减压器之前,应用口吹除瓶嘴尘渣,以防尘渣堵塞瓶嘴。严禁使用未装减压器的气瓶。

(2)乙炔瓶和氧气瓶嘴部及开瓶扳手上均不得沾有油脂,以免油脂吸附灰尘,堵塞瓶嘴。

(3)乙炔瓶和氧气瓶均应距明火 10 米以上距离放置;乙炔瓶与氧气瓶之间也应保持 7 米以上的安全距离。

(4)乙炔瓶与焊炬之间应装有可靠的回火防止器。

(5)乙炔瓶与氧气瓶均应放置在空气流通的地方,但不得将它们放置于烈日下暴晒,也不得靠近火源及其他热源地方放置,以免受热膨胀,发生气瓶爆炸事故。

(6)使用焊(割)炬前,必须检查焊(割)炬喷射情况,查看是否通畅,能否正常使用。操作时,应先开启焊(割)炬的氧气阀,待氧气喷出后,再开启乙炔阀。同时,用手检验乙炔接口处,看是否有吸引手指的感觉,如有吸力,说明乙炔管道通畅,这时可以将乙炔胶管接于焊(割)炬接口上。

(7)如在通风不良的地点或在容器内作业时,应先在外面给焊(割)炬点火。

(8)点火时应先开少许乙炔气,待点燃后迅速调节氧气和乙炔气的气量,并按工作需要选取火焰。停火时应先关闭乙炔气,再关闭氧气,以防引起回火和产生烟灰。

(9)在易燃易爆生产区域内动火,应按规定办理动火审批前续。

(10)气焊和电焊在同一地点作业时,氧气瓶应垫上绝缘物,以防止气瓶电。

从事手工电弧焊作业,应掌握以下安全技能:

(1)在下雨、下雪时,不得进行露天施焊,以免发生触电事故。

(2)在高处作业前,应检查焊接地点下面是否有易燃易爆物品,以防掉落的火花引燃引爆物品;作业时应系好安全带,以免坠落。

(3)不要将焊接电缆放在电焊机上。

(4)横跨道路的焊接电缆必须装在铁管内,以防止电缆被压破漏电。

(5)施焊前,应先检查周围,查看是否有易燃易炸物品。

(6)严禁将焊接电缆与气焊用胶管混缠在一起。

(7)二次电缆不宜过长,一般应根据工作时的具体情况而定。焊接电缆截面积和允许焊接电流值应相互匹配。

(8)在施焊过程中,当电焊机发生故障需要检查修理时,必须先切断电源,再进行修理。禁止在通电情况下用手触动电焊机的任何部分,以免发生事故。

(9)在船舱内焊接作业时,应采取通风措施,应由两个人轮换操作。

(10)在容器内焊接作业时,应使用胶皮绝缘防护用具,附近应安设一个电源开关,由监护人员专门看管和监护。监护人员要听从焊接操作人员指示,根据指示随时通断电源。

(11)在焊接作业时,不可将工件拿在手中或用手扶着工件进行焊接。

(12)连续焊接超过一个小时后,应检查焊机电缆温度。如温度达到80℃,必须切断电源,让焊机及电缆冷却下来。

(四)冶炼工的岗位安全技能

(1)冶炼作业人员必须掌握生产技术,熟悉操作规程,严格按工艺流程去操作。

(2)加强冶炼原料的管理和挑选工作,严防爆炸品、密封容器等物品混入原料并进入炉内。

(3)定期检查冷却系统,保持系统畅通,控制好冷却水压和水量,以防止水冷却系统强度不够造成钢板烧穿,导致钢水遇水爆炸。

(4)严格执行热风炉工作制度,防止由于换炉事故造成热风炉爆炸;

严格执行从补炉、装炉、熔炼到出钢整个过程的操作规程,避免由于操作不当造成熔炼过程中的喷溅、爆炸事故。

(5)出钢时,要事先对铁钩、铁水罐、钢水包、地坑和钢锭模加热干燥,防止因潮湿引起爆炸事故。

(6)作业人员要穿戴专用鞋、专用手套、工作服和安全帽,以避免身体与高温工件或工具直接接触。

(7)预防中毒。有效的预防废气中毒的办法是加强生产现场的通风,及时排出废气;做好废气浓度的监测工作,及时报告废气中一氧化碳浓度,提示人们采取有效措施;做好个人防护工作,戴好呼吸防护用品。

(五)锻造岗位安全技术

(1)锻造作业人员必须经过专门培训,经考核合格并取得上岗证后,方能独立从事锻造作业。否则,这些锻造人员不得单独操作锻压设备和加热设备。

(2)锻造作业人员应掌握一定的锻压设备保养知识,应定期保养设备,使设备处于完好状态。

(3)锻压设备运转部分,如带轮、传动带、齿轮等部位,均应设置安全防护罩;水压机应装设安全阀、自动停车装置和启动装置;蓄压器、导管和水压缸应有独立的压力表;动力稳压器应装有安全阀。

(4)操作人员应熟悉操作规程并严格执行,以防煤气中毒、灼伤、烤伤和电炉触电等事故发生。

(5)操作人员在开始工作前应穿戴好个人防护用品,以减少辐射热以及灼热的金属料头和飞出的金属氧化皮对人体的伤害。

(6)在锻造作业中,操作人员应集中精力、相互配合;要注意选择安全操作位置,躲开作业危险方向(如切料时,身体要避开料头飞出方向);握钳和站立姿势要正确,钳把不能正对或抵住腹部;司锤人员要按掌钳人员的指令准确司锤;锤击时,第一锤要轻打,等工具和锻件接触稳定后方可重击;锻件过冷或过薄、未放在锤中心、未放稳或有其他危险时均不得锤击,以免损坏设备模具和震伤手臂,避免锻件飞出,造成伤人事故;严禁擅自落锤和打空锤;不准用手或脚去清除砧面上的氧化皮,不准用手去触摸锻件;烧红的坯料和锻好的锻件不准乱扔,以免烫伤别人。

(六)矿山岗位安全技能

(1)矿井通风安全技能

矿井内空气中一般都含有大量的有害气体,如一氧化碳、氮化物、硫化氢等,矿工在井下作业时易造成中毒、窒息、燃烧爆炸等事故。

为避免人员中毒,防止煤矿瓦斯及煤尘爆炸,矿山企业应采取对矿井实施强制通风的安全技术。通过通风系统使一定量的新鲜空气沿着规定的路线在井下流动,将有害气体排出井外,以降低矿井有毒气体及可燃气体的浓度,使矿井空气达到安全生产要求。

矿井通风安全技术可分为自然通风安全技术或机械通风安全技术两类。自然通风安全技术是利用矿山入风和出风两个井筒中空气柱的重量不同,产生自然压力差,使空气在矿井内自然流动。这种方法风压较小,因此风流量少,且受季节变化影响较大,不易满足矿井通风的安全需要。但通风成本低,通风时间保持 24 小时连续通风。机械通风是利用动力带动风机运转,向井内强制鼓风,使空气在井内流动,将有害空气排出矿井。采用机械通风是矿山企业普遍采用的通风方法,通风效果好,能有效预防安全事故的发生。

(2)矿山防尘安全技能

矿山防尘安全技术,可以概括为通风、洒水、密闭、个人防护、管理、改革工艺、检查、教育 8 项措施,这 8 项措施又可归纳为以下 5 个方面:

①采取湿式凿岩,坚持湿式作湿式作业,严禁干打眼。

②喷雾洒水,以降低爆破、运输等作业时产生的粉尘浓度。

③经常用水冲洗岩帮,消除积尘,防止二次扬尘。

④净化入风系统的风流,防止含有粉尘的风流被送入工作场地。

⑤做好个人防护,要求井下作业一定要戴好防尘口罩,保护呼吸系统。

(3)矿井瓦斯防爆安全技能

矿井瓦斯是指各种有毒有害气体的总称,其主要有毒有害气体是沼气(甲烷),约占瓦斯总量的 90%。沼气无色无味,不易被人体感知,只能靠专用仪器检测。瓦斯易燃易爆,当它和空气混合浓度达 5%~16% 时,遇到火源能引起燃烧或爆炸。当瓦斯浓度达到 57% 时,矿井中的氧气浓度将降到 9%,可使人窒息亡。因此,作业人员要利用瓦斯检测仪器随时检测矿井中的瓦斯浓度,并根据浓度情况及时采取有效安全措施(如增加通风量、停止开采作业、及时疏散作业人员等),以防止由于瓦斯浓度过高引起中毒和窒息事故,防止瓦斯燃烧或爆炸事故。

(4)矿井防冒顶安全技能

①工作面要有足够的支护密度。为保证工作面的支护密度,加强工作面的总支撑力,要按照有关规程规定,严格掌握空顶之间的距离、支撑物的质量以及生产过程的合理性。

②建立顶板分级管理制度。顶板鉴定分级后,在设计、回采方案、支护、爆破、检查等方面,都要按照顶板级别的不同,采取相应的管理措施。

③经常检查处理浮石。冒顶是由于浮石突然冒落所引起的。因此,做好浮石的检查和处理工作非常重要。矿山生产一般都规定,在进入作业面作业之前,要先进行敲帮问顶,及时、细致检查浮石情况,并采取相应的措施,防止冒顶事故发生。

④加强工作面的推进程度。顶板下沉量与工作面推进速度关系较大。工作面推进速度快,顶板下沉量就小,木支柱断梁折柱就少,作用在金属支柱上的压力就小;反之,情况则相反。因此,采取有效的技术组织措施,加快工作面的推进速度,是防止冒顶的一个有效措施。

(5)矿山防水安全技能

①摸清情况,详细掌握矿井有关水文地质资料及旧矿、采空区平面图,了解含水层和老塘积水情况。

②提前探水,先探水后掘井,在探明水情后,先采取措施进行安全放水。

③留安全防水煤柱。

④设置防水闸门,在巷道内为防止可能发生的透水事故,设置必要的防水闸。

以上几种都是常见的安全生产技能,应当是岗位员工必须掌握的基本技能。但是时代是在进步的,技术也在更新换代,所以我们的思想意识需要进一步提高,我们的技能水平更需要随着时代"更新换代",正所谓"活到老,学到老",只不断进取才能与时俱进,永远掌握最新的安全技能,保证我们的安全。

第四章
负起安全责任，责任心是防范事故最有效的保证

　　责任是安全的前提，安全责任至高无上，安全责任重于泰山。说到底，安全就是一个责任心的问题。负起责任就能保证安全，不负责任就会失去安全。高度的责任心才是防范事故最有效的保证，才是安全最基本的前提。只有每一个员工都负起自己的责任，谨遵规章，严守制度，才能防范事故，保障安全。

1.

安全就是责任,责任决定安危

安全系于责任,责任保证安全。安全说到底,就是一个责任心的问题。负起责任,安全就有了保障,不负责任,也就放弃了安全。

不管在什么企业、什么岗位、什么工作中,能够保证安全的永远只有那些敢于负责、把责任放在第一位的人,才会拥有真正的安全。而一旦放松责任,不把责任当一回事,事故也就难以避免。

2000 年 12 月 25 日,河南省洛阳市东都商厦发生特大火灾事故,造成 309 人死亡,7 人受伤,直接经济损失 275 万元。

东都商厦始建于 1988 年 12 月,1990 年 12 月 4 日开业,位于洛阳市老城区中州东路,6 层建筑,地上 4 层、地下 2 层,占地 3200 平方米,总建筑面积 17900 平方米,东北、西北、东南、西南角共有 4 部楼梯。东都商厦是洛阳市第一商业局下属全民所有制企业,现有职工 1082 人,固定资产 5200 万元。2000 年 11 月前,商厦地下一、二层经营家具,地上一层经营百货、家电等,二层经营床上用品、内衣、鞋帽等,三层经营服装,四层为东都商厦办公区和东都娱乐城。

2000 年 11 月,东都商厦与洛阳丹尼斯量贩有限公司(台资企业)合作成立洛阳丹尼斯量贩有限公司东都分店(以下简称东都分店),期限 10 年,拟于 12 月 28 日开业。丹尼斯量贩有限公司投资 2000 万元人民币,以东都商厦地下一层和地上一层为经营场所,安排商厦 100 名下岗职工就业,雇用商厦 20 名管理人员,同时,每年给东都商厦缴纳管理费、人员工资和各种社会保障统筹金 120 万元。东都商厦二层、三层和地下二层在经营中可使用"丹尼斯量贩"的名称。

2000 年 11 月底,东都大厦分店在装修时已经将地下一层大厅中间通往地下二层的楼梯通道用钢板焊封,但在楼梯两侧扶手穿过钢板处留有两个小方孔。2000 年 12 月 25 日 20 时许,为封闭两个小方孔,东都分店负责人王某某(台商)指使该店员工王某某和宋某、丁某某将一小型电焊机从东都商厦四层抬到地下一层大厅,并安排王某某(无焊工资质证)进行电焊作业,未作任何安全防护方面的交代。王某某施焊中也没有采取任何防护措施,电焊火花从方孔溅入地下二层可燃物上,引燃地下二层的绒布、海绵床垫、沙发和木制家具等可燃物品。王某某等人发现后,用室内消火栓的水枪从方孔向地下二层射水灭火,在不能扑灭的情况下,既未报警也没有通知楼上人员便逃离现场。正在商厦办公的东都商厦总经理李某某以及为开业准备商品的东都分店员工见势迅速撤离,也未及时报警和通知四层娱乐城人员逃生。随后,火势迅速蔓延,产生的大量一氧化碳、二氧化碳、含氰化合物等有毒烟雾,顺着东北、西北角楼梯间向上蔓延(地下二层大厅东南角楼梯间的门关闭,西南、东北、西北角楼梯间为铁栅栏门,着火后,西南角的铁栅栏门进风,东北、西北角的铁栅栏门过烟不过人)。由于地下一层至三层东北、西北角楼梯与商场采用防火门、防火墙分隔,楼梯间形成烟囱效应,大量有毒高温烟雾通过楼梯间迅速扩散到四层娱乐城。着火后,东北角的楼梯被烟雾封堵,其余的 3 部楼梯被上锁的铁栅栏堵住,人员无法通行,仅有少数人员逃到靠外墙的窗户处获救,其余 309 人中毒窒息死亡,其中男 135 人,女 174 人。

21 时 35 分、21 时 38 分,洛阳市消防支队"119"和公安局"110"相继接到东都商厦发生火灾的报警,立即调集 800 余名消防官兵和公安民警、30 余台消防车辆进行扑救。洛阳市委、市政府主要负责人立即赶赴火灾现场,组织指挥抢险和救护工作。22 时 50 分,火势得到有效控制;26 日零时 37 分,大火被完全扑灭。共有 106 名人员（包括商厦办公人员和正在三层装修的 60 多人）获救。此外，7 名在火灾中受伤的人员，经医治全愈后出院。

这起震惊全国的特大火灾事故原因，是由于东都分店违法筹建及施工，施焊人员违章作业，东都商厦长期存在重大火灾隐患拒不整改，消防通道被封，东都娱乐城无照经营、超员纳客，政府有关部门监督管理不力而导致的一起重大责任事故。

如果这起事故的各方都负起了应负的责任，不违章，不隐瞒，及时救火，及时疏散，不堵塞消防通道，监督管理都能做到位，负起责，这样惨烈的事故应该可以避免吧？至少也不至于这样触目惊心、惨绝人寰。

责任心是保护生命的前提。如果人人都拿出十分的责任心，这场灾难或许就会避免，至少不会造成 309 人死亡的惨剧。

安全系于责任，责任重于泰山。有责任，不等于说就尽到了责任。职务和岗位的本质就是责任，有职务和岗位就有责任和使命，而不能尽职尽责，就叫失职失责。不少事故、灾祸、悲剧的产生，并非天灾，而是人祸。人祸往往是因人的责任感的丧失而引发的。

由此可见，安全责任有多么重，它承载着人民生命的安危，承载着生命的重量，安全责任比泰山还重，比天还大。没有安全，青春，幸福，生命，都随风而逝……如果每个人都能承担起自己应当承担的责任，就可以避免类似惨剧的发生。

每一个员工都必须引起高度的重视，把自己的责任扛在肩上，扎扎实实做好事故防范工作，负起自己应负的责任，安全才能真正属于我们。

2.

负起责任才能杜绝事故

任何时候，任何地方，或是任何环境下，责任永远是做好工作的首要因素，是防范事故、保障安全的基础。责任是安全最重要的一道保险，强烈的责任心是安全最重要的前提。只有负起责任，才能杜绝事故。

2011 年 3 月，一个普通不过的 80 后小伙子裴永红成为网上最受人尊敬的英雄，因为他对自己岗位的高度负责，避免了一起不敢想象后果的严重事故。虽然因此而使他自己丢掉了一条手臂，但他却因为负起了自己该负的责任而毫不后悔，被网民们亲切地称为"断臂哥"。

"断臂哥"裴永红是湖南湘潭小伙子，是中国大唐湖南公司湘潭电厂和中国石油一座大型油库铁路专用线上的引导煤车、油罐车进出的"运行连接员"。他工作的油库位于京珠高速通往湘潭市内连接线附近，这两家企业每天都需要从干线铁路调入大量电煤和成品油，重载列车通过一条铁路专用线进入相关厂区。油库内有几座巨型储油铁罐。储油罐附近，还有 4 座小山般的大型火力发电机组。而这个地点是湖南人口密集、工商业经济高度发达的长株潭城市群能源中心之一，虽然只是个小小的运行连接员，但裴永红自感肩上的安全责任重大。

2011 年 3 月 10 日上午，一列油罐车驶入铁路专用场站，需要从 8 号车道改由 6 号道"倒车"进入油库。裴永红在此时已经变成车头的第 38 节车厢上担任"二钩"，即充当火车的一只"眼睛"，观察运行状况，为火车司机"导航"。但在缓缓行驶的列车逐渐接近目标点时，裴永红突然从车上掉了下来。

据裴永红事后描述，他的手持对讲机突然失去信号，恰好此时机车紧靠工班值班室,他跳车想尽快去换台对讲机与货车司机保持联络。不料,当时雨天地滑,身穿雨衣的裴永红落地时脚下一滑,臀部着地,身子向后一仰,巨大的火车车轮将他不慎伸进铁轨的右臂,从肩膀以下20公分左右处齐齐压断。

眼睁睁看着右臂与身体分离、鲜血喷溅,裴永红仍然做出了令人难以想象的举动:他使劲压住动脉血管竭力止血,快速冲进值班室换了一台对讲机,叫停油罐列车。列车正副驾驶、信号塔台等工作岗位,都听到了对讲机里传来的裴永红声音嘶哑的呼叫。如果不能及时停车,任由列车向前行驶,很有可能撞上6号道行驶过来的列车,发生重大事故。

虽然场站有信号灯、信号塔台和列车司机正副驾驶、其他运行连接员都能为列车运行位置把关,但裴永红关键时刻表现出来的超人勇气、忍耐力和高度的责任心,让我们每一个人都感到非常震撼!铁路专用场站里记者采访到的每一个人都敬佩地说,直到看到列车停稳,裴永红才松开对讲机。旋即,失血过多的裴永红昏倒在地,场站立即组织车辆和人员将他送往湘潭市最大的医院——湘潭市中心医院抢救。

躺在病床上的裴永红,右臂终身残疾,稍微动一动都会引发剧痛,但他却没有丝毫的后悔。"压断了手我疼啊,但油罐车还在走,不停下来会出大问题,我必须尽到自己的责任。"

这就是责任的意义!只有负起责任,才能避免事故。任何时候,都要以责任为重,以责任为先,把责任放在心上,握在手上,时时刻刻对自己的行为负责,对自己的岗位负责,对自己的工作负责,那么,事故就可以避免,安全就可以保障。

2010年8月,四川境内持续暴雨,8月19日15时15分,下午3时10分,从绵竹什邡顺石亭江而下的洪水在冲毁广汉段石亭江宝成线大桥东南侧的河堤后,大桥中段两根桥墩相继倾斜、倒塌。正在过桥的西安至昆明K165次客车陡然脱轨,15号、16号车厢猛地下沉并成"V"字形……此时,列车员紧急停车、正在填堤的民兵、民警、村民、中铁抢险队员立刻展开生死救援。不到半小时，1300 人安全撤离大桥。半小时后，相继两声巨响，两节车厢坠入滚滚江水中被冲出 200 米远。经救援人员确认，未发生任何人员伤亡。

这起事故被认为是列车事故中的奇迹。大洪水、大桥断裂、火车脱轨、车体断成三截、车厢掉进江里……这么多惊魂的事件忽然发生，哪一个事件都能夺去无数人的生命，然而此次事故却没有一个人伤亡！这样的奇迹是怎样产生的？追根溯源，是责任心创造了奇迹，是责任心拯救了生命，是责任心避免了事故，是责任心保证了安全。

3.

不负责任就会酿成事故

责任带来安全，责任避免事故。但如果不负责任，不把责任当回事，放弃自己的责任，也就等于放弃了安全，事故也就必然难以避免。

2002 年 7 月 19 日，一个叫王小歌的婴儿出生三天后，因病危被送进河南省某县妇幼保健院监护室的暖箱（塑料制品）中实行特别看护。当晚 8 时左右，医院突然停电，为了便于观察，当时值班护士就在暖箱的塑料边上粘上两根蜡烛。当天晚上 10时 50 分，护士张某接班后，见蜡烛快烧完了，就在原位置上又续上一根新蜡烛。第二天凌晨 5 时左右，张某在未告诉任何人的情况下，将婴儿一人独自留下去卫生间，当她返回后，发现蜡烛已经引燃了暖箱，王小歌因为窒息而死亡。

就因为护士不负责任的擅离职守，导致一起严重的医疗事故，导致一个新生命的消失。这样的悲剧多么令人心伤！

不负责任就会酿成事故，不仅仅是医疗事故，也不仅仅是一个生命的消失，还极有可能是重大事故，是无数个生命的消失！

2004 年 5 月 5 日，位于郑州市北郊陈砦村的郑州陈砦冷藏贸易有限公司所属的 30 号冷库房内发生货架坍塌事故。正在库房进行蒜薹分拣的 34 名民工被压在蒜薹和货架下，其中 15 人死亡。

经查明，2003 年 3 月 6 日，根据陈砦村村委会主任、郑州北环实业总公司董事长陈扎根的决定，陈砦冷藏贸易有限公司在没有认证的情况下，盲目与江苏省常熟市金塔金属制品有限公司签订购买货架的合同。金塔公司法人代表马利江明知本企业不具备生产仓储货架的资质和能力，在利润的驱使下，违反国家行业规定，违规套用超市货架标准，指派无设计资质的生产技术厂长杨国忠负责设计并进行生产。

2003 年 4 月初，马利江委派业务员周友凯和无质检资质的质检员陈月新等人到陈砦冷库，进行货架的安装和质量检验。周友凯、陈月新不但没有带专业技术人员现场安装，反而私自改变安装设计草图，在郑州街头随意找来民工安装货架。安装完毕后，周友凯与陈月新未按规定验收，陈砦冷藏贸易有限公司作为使用方也没有进行应有的检查验收，致使货架安装不规范，留下事故隐患。

后经有关部门调查认定，郑州陈砦冷库“5·5”特大货架倒塌事故是一起特大责任事故。造成该事故的直接原因是常熟市金塔金属制品有限公司在没有生产高位仓储式货架资质的情况下，违规生产，货架存在整体稳定性差、承载能力不足等严重的质量问题。陈砦村党支部、村委会及陈砦冷藏贸易有限公司在未对常熟市金塔金属制品有限公司资质进行确认的情况下，盲目购买和使用无合格证的货架，并对供货方提供的产品质量缺乏监督。他们为自己的不负责任承担了应有的法律责任，可最终无法挽回那 15 个鲜活的生命。

漠视责任，忽视责任，带来的就是生命的消失。玩忽职守，缺乏责任感，不仅会给别人、给企业、给社会带来危害，对自己也会带来不可挽回的严重后果。

张连义是中医医师，个人在新疆职业专科学校合法开设门诊，为患者诊断治病并配售中药。1993 年 3 月 24 日中午 1 时 30 分许，被害人袁小红（男，23 岁）因牙痛来被告人的门诊就医。被告人给袁小红诊断后便开了中药清胃散二副。因在此之前被告人错将有毒的草乌装入放玄参的药斗内，在配药时将草乌当作玄参配给了袁小红。袁将其中一服中药泡服后，即出现严重中毒症状。经医院抢救无效，于当日下午 5 时 40 分死亡。事发后，张连义主动查找袁小红中毒死亡的原因，并去水磨沟区卫生局投案自首。

乌鲁木齐市水磨沟区人民检察院以被告人张连义犯重大责任事故罪，向乌鲁木齐市水磨沟区人民法院提起公诉。水磨沟区人民法院经公开审理认为：被告人张连义身为医务人员，应认真履行自己的职责，按规定管理和发放药品，但被告人在行医中不负责任，造成他人死亡的严重后果，其行为已触犯刑律，构成过失杀人罪，应依法惩处。张连义不得不为自己的不负责任承担法律后果。

只有责任才能带来安全，不负责任就会酿成事故，甚至伤害到人的宝贵的生命，更多的，还可能是自己的生命。所以，无论在任何岗位上，都一定要负起自己应有的责任。

4.

只有强烈的责任心才是安全的避风伞

安全系于责任,责任保证安全。数不胜数的事例不断地向我们反复证明着一个事实:只有责任才能带来安全,只有强烈的责任心才是安全的避风伞,只有负起自己的责任,才有自己的安全。

2007年12月6日早晨,在哈尔滨市香坊区哈平路上,203路公交车司机何国强在车辆行驶过程突发脑溢血。昏迷前,这名司机以惊人的毅力,克服头晕、视物不清和一侧肢体瘫痪等困难,将公交车稳稳地停靠在路边,用最后一丝力气提起手动车闸,接着打开车门,请乘客下车,然后将发动机熄火,在保证了车上20多名乘客的安全之后,这名年仅33岁的司机趴在方向盘上停止了呼吸。

这一位平凡的公交车司机,在生命的最后一刻,不忘记自己的责任,用生命对"责任"做出了诠释,保证了20多名乘客的生命安全,避免了一起重大的伤亡事故。

正是由于有许多像这位平凡却永远把责任放在自己生命的第一位的司机一样的普通人,用高度的责任心为我们撑起了安全的避风伞,让我们避免了一起又一起的事故,让我们一直身处安全。

比如,前面我们提到的"列车事故中的奇迹",K1654次列车发生重大险情时,却能在半个小时内保证1318名乘客无一伤亡,这就是每一个列车员强烈的责任心所创造的奇迹!

2010年8月19日下午,15时15分,当险情发生那一刻,K165次列车司机曹继敏紧急刹车,避免了更大的危险发生。刹耳的刹车声后，列车缓缓停下来。此时，车头已驶过大桥，还有一半车身在桥上，接着桥墩被冲走，桥面断裂，车厢下沉，随着车身重心变化，9号和10号车厢连接处断开。车停下来以后，曹继敏奔向车厢，帮着疏散乘客。

15时15分，列车长王巧芬正在10号餐车，准备部署换班作业；休班列车员，在餐车等候午饭；各车厢在岗列车员，各自忙碌着清扫车厢卫生。15时16分，列车上下一阵剧烈颤动，随后就是紧急制动，停在石亭江大桥上。"不好，出事了。"王巧芬和乘警长孙昭、检车长赵祥云，快步走到餐车两侧端门，下车查看情况，眼前的景象触目惊心。

10号餐车车厢与11号硬座车已经分离，相距20多米，车体严重变形，钢轨扭曲。列车运行前方的第1至第10节车厢，已驶出大桥。第5至第10节车厢脱轨。列车脱线时巨大冲击力把混凝土轨枕，齐刷刷地碾压出了一道道痕迹。

此时，桥梁在晃动，随时有可能坍塌。已经脱轨、停在桥上的几节车厢里的情况不明。

王巧芬当机立断，负责组织指挥11号至15号车厢旅客下车疏散。她和检车长、乘警一起，一边奔跑一边向车厢里的乘务员喊叫，"赶快打开车门，把旅客疏散到桥头安全地带。"组织列车员从车上、车下向桥头比较安全的11号车厢方向，有序疏散旅客。

暴风雨中，休班乘务员、餐车服务人员，纷纷奔向各自岗位，打开生命通道，把旅客疏散到安全地带。15号硬座车厢列车员王肃立正在清扫车厢连接处。突然，列车开始抖动摇摆，王肃立一个踉跄，从15号车厢甩到了14号车厢。

惊魂未定的王肃立，急忙巡视车厢里的情况。车厢裂开的地板高高翘起，连接处严重扭曲，从裂开的车缝里能看到钢轨严重磨损的印痕，窗外是滔天洪水。在这条线路上值乘22年的王肃立，第一次见到如此大的洪水。

关键时刻，王肃立扯起嗓子，向旅客大声喊道，"大家不要带行李，不要从椅子上翻，从中间过道，朝14号车厢方向跑。看见最近的车门,立即下车。"

21 岁的 12 号车厢列车员黄媛,瘦弱文气。在险情发生时,她吓得瘫坐在地上。一位旅客扶起她,当看到大家惊恐地看着自己时,黄媛意识到,自己是列车员,要确保每个旅客的安全。她大声告诉旅客不要慌,不要拿行李,有序走下车。

等到前几节车厢人清空以后,她们开始走向悬空的 14、15 号车厢……最终所有旅客都安全下了车。旅客下来后,乘务员还在车厢里巡视一圈,确认所有旅客都下车了,才离开车厢。

正是全列车工作人员的高度责任心,在危急的时刻挽救了大家,挽救了生命。1318 人,半个小时内全部疏散完毕,无一人伤亡。这是生命的奇迹,更是责任心的奇迹! 是强烈的责任心为安全撑起了避风伞,是强烈的责任心为安全筑起了防护墙,事故才得以避免,安全才得以保障。

5.

只负责任不找借口,借口是事故的温床

安全重于泰山,没有比安全还要重要的事情。而借口,则是开脱责任的理由,是暂时逃避困难和责任,获得某些心理安慰。找借口不仅是不负责任的表现,更是酿造事故的温床。

1995 年 9 月 24 日,北京某炼铁厂发生一起由于控制室人员脱岗和操作错误,造成 8 名检修人员 2 死 6 伤的重大事故。

9 月 24 日,北京某炼铁厂 2 号高炉正在生产过程中,在 2 号高炉水冲渣控制室当班人员是白某(男,45 岁)和王某(男,41岁)。这天下午 16 时 48 分,炉前工通知放渣结束,要求停两台冲渣泵。此时，冲渣控制室内值班操作工王某脱岗，不知去向，值班天车工白某放下电话，径直走向操作台进行停泵操作，停完冲渣泵之后，他既没有观察仪表盘上地下贮水池的水位显示，也没有检查过滤池阀门的开关位置，仅凭以往的习惯，顺手掀动了3个返洗阀开关。这一盲目的顺手操作，造成地下贮水池内82度高温水，沿着500毫米粗的管道骤然向过滤池上返。

此时，距冲渣控制室百米之遥的6号滤池内，一支检修小分队正在作业。检修队长张某带领7个人下到池内，用电钻疏通6号过滤池底钢板的渗水孔。为了传递工具和控制电钻的停送电，他特意在地面留了4个人配合检修。由于7米深的过滤池常年被含硫的高温水浸泡，垂直的池壁上没有设计固定攀梯，检修人员上下全靠自制的临时挂梯。这次，检修小分队也是焊制了两架悬梯，挂在东池壁上。除了小分队检修的6号池，另5个滤池为保证冲渣生产，都是满满的热水。

14时50分，检修队长张某发觉钢板下情况异常，热水随着蒸汽直往上冒。他派姜某快去冲渣控制室通知停泵，8名检修工则分别站到池底两根工字钢上，等待着停泵后返水自然回落。姜某飞快地跑到冲渣控制室，对白某大声说："快停泵，6号滤池返水了。"

听说过滤池返水，白某有点紧张，他前一天就听班长交代过，今天白班有配合检修的计划，可没引起重视。他一边说："没事儿，没事儿，水马上就下去"，一边来到控制台前，按下两个控制钮，就把姜某打发走了。实际上，白某根本没有找到控制6号池返水的过滤阀位置，无意中反而又捅开了一个返洗阀，加大了返水量。姜某还没回到6号滤池边，就见另一名检修工跑过来，边跑边喊："水没有退，都没脚脖子了，快去停泵。"14时53分，白某听说水没退下去，急得不知所措，怎么也找不着断水的阀门，转身慌慌张张地跑出了冲渣控制室，四处寻找擅自脱岗的王某。当王某随白某跑回操作室，时间已过去8分钟，就在这生死攸关的8分钟里，已经造成8名检修工2死6伤的严重后果。

事故发生后，王某却找借口说自己生病了，拉肚子去上厕所了。但这样的借口怎能消除这起重大事故的责任呢？白某则借口自己是为了给王某帮忙才出的错，但这样的借口有用吗？这样的借口能挽回 8 名检修工的伤亡吗？正是因为王某不负责任，当班期间擅自离岗脱岗，白某不负责任，擅自开动自己不熟悉的机械才导致了这样严重的事故，又岂能是借口和辩解有用的？

安全没有借口，安全只有责任，要安全就绝不能找借口。安全就是我们的责任，除了百分之百地负责，我们没有任何借口和理由。除了奉行安全第一的理念，想尽一切办法，完成好自己的安全工作和任务，我们没有任何其他的方法。也绝不能去找任何借口，哪怕是看似合理的借口。

安全没有借口，就是在安全问题上，体现一种完美无缺的执行力，一种诚实的服从态度，一种认真敬业的精神。任何工作都要以服从安全为前提，只有每一位员工都能认识到这一点，以一种积极的心态去服从于安全，主动地关心安全，我们才能真正做到安全工作万无一失，否则，就可能因小失大，导致不该发生的事故和不该有的损失和伤亡，甚至造成无法弥补的心灵创伤。所以，在安全上，千万不要找任何的借口，而应当百分之百地负起责任。

6.
服从命令，认真落实安全责任

安全第一，除了需要在平日里就养成良好的习惯外，还需要狠抓安全责任制的落实，服从一切有关安全上的命令，认认真真把自己的安全责任落到实处，把安全工作放在心上，切切实实抓好安全，只有这样，才能真正将安全的观念落到实处，避免安全事故。

安全靠责任来落实，种种事故表明，小的错误也好，大的事故也罢，只要你对工作真正负起责任，服从安全命令，就可以将其避免。即使发生灾难，也可能会转危为安。

2009年1月15日，全美航空公司1549号航班客机从纽约拉瓜迪亚机场飞往北卡罗来纳州夏洛特时，飞鸟"卷入"客机两侧引擎，飞机出现故障。在地面指挥台的指挥下，飞行员应变迅速，驾驶客机避开纽约人口密集街区，无损坠落于哈德逊河。地面救援人员接应及时，机上155人全员获救。

这架空中客车A320客机15日15时26分从纽约长岛拉瓜迪亚机场飞往北卡罗来纳州夏洛特，飞机起飞后不久，机上人员便听到一声巨响，一名乘客事后在接受采访时说，他们听到巨响后便闻到了一股焦味，当他们看到飞机试图返航时就意识到飞机出事了。但他们对机长的表现非常满意。机长萨伦伯格临危不乱，一边及时与地面联系，一面沉着冷静地说服旅客们保持镇静，并请他们做好临时迫降的准备，然后以极精湛的飞机驾驶技术，进行了一个教科书似的机腹着陆动作，从而阻止了这架重100吨的飞机，在与水面接触时解体，机上155人奇迹生还，创造了史无前例、无人死亡的水上迫降记录。

萨伦伯格不仅赢得各方赞扬，还被媒体捧为哈德逊英雄。尽管商业航机机舱内置有救生衣，也设有吹气滑梯装置，以备航机在水上紧急着落时之需，但即使顺利完成水上紧急着落任务，死伤也在所难免，机长萨伦伯格却凭着超凡的飞行技术，认真执行地面指挥的命令，切切实实把对乘客的责任放在第一位，成功实现了不可能完成的任务。

这件事在美国乃至整个世界都产生了巨大的反响，正是由于萨伦伯格机长认真履行了地面指挥的命令，并以高度的责任心和精湛的飞行技术，才完成了这样一次水上迫降的奇迹。如果当时机长自以为是，自作主张，不与地面指挥紧密配合，不听地面指挥的命令，很有可能又是另一番结果。可见，责任心是一切安全的根本前提。

有责任心的人,一定是敬业、忠诚、热忱、细致的人。这样的人,必定会认真、主动工作,会把自己应做的事负责到底,一切行动听指挥,一切正确的命令都能完美地执行。这样尽职尽责、认真负责的人,安全一定有保证,事故一定可预防。

7.

把安全责任贯穿到每一分每一秒

岗位连着安全,安全系着岗位,二者不可分离。在岗一分钟,安全负责六十秒,岗位就意味着安全责任。在其岗,就要负其责,把安全责任贯穿到工作的每一分每一秒,才能真正保障安全。要不然,事故就永远无法避免。

某企业的一位仓库保管员,在夜里值班的时候违反规定酗酒后,沉沉地睡了过去。恰巧当天晚上企业厂长路过仓库时去仓库转了转,发现了这位保管员。厂长顿时火冒三丈,大声呵斥:"要是发生了火灾和盗窃怎么办?"这位睡眼惺忪的保管员借着未醒的酒劲,也大声地说:"发生了问题,我负责!"在这漆黑一片、四下无人的夜晚,这位保管员话听起来似乎真的像那么回事。

这位保管员的"出了问题我负责"的豪言壮语,是愚蠢的、无知的。真的出了问题,他负得起这个责吗?保管员的岗位责任,只是企业组织里成百上千个责任中的一个,它和企业组织里其他的责任紧密相连。如果保管员的岗位责任缺失,由于这种联系会导致一系列的链锁反应——如果因为保管员的失职而发生火灾或盗窃,接下来生产部门将因领不到原材料而被迫停止生产,销售部门会因生产部门的停产而无法履行销售合同,财务部门将因销售部门不能履约而无法按计划收回应收款……一个看似不起眼的责任缺失,就会导致一连串的恶性事件。

安全工作绝不是孤立的,更不是某一个人真能负得起事故的责任的。就算退一万步说,真的由某个责任人来承担了责任,甚至判他坐牢,又能怎么样呢?事故的损失终究是损失了,伤亡也终究是伤亡了,还能怎么样?所以,安全的关键,不是"出了问题我负责",而"没出问题前我负责",切切实实把安全贯彻到每一分每一秒的工作中去,安全才能真正落到实处,事故也才能被我们远远地避开。

2007 年 5 月 12 日 3 时 34 分,88874 次货物列车牵引着 4069 吨货物从太行山呼啸而来。一辆辆快速运动的重车打破了深夜的寂静,列车带起的风裹着太行山谷深夜的寒气和铁路沿线的煤灰,直往何宗伟的脖子里钻。

何宗伟像往常一样,一边眯着眼挡着列车带起的煤灰,一边仔细观察和认真倾听车辆的运行状态。"咔嚓、咔嚓……吱……吱"不规则的异声让何宗伟警觉起来。随着异声,一个飞转的"火轮"从何宗伟眼前闪过。

"不好,车辆有故障!"何宗伟拿起对讲机就对值班员紧急呼叫:"停车,停车……"

随着一阵刺耳的紧急制动声,88874 次货物列车停了下来。经检查,该列车第 17 列车辆的前台车中心盘脱出,摇枕严重歪斜,旁承错位,车轮发热,轮缘被严重划伤……就这样,何宗伟防止了一起随时都有可能发生的重载货物列车颠覆事故。

何宗伟得到了郑州局和济源车务段联合给予的 1 万元安全奖励。

何宗伟立功受奖后,整个济源车务段引发了对何宗伟防止事故是"偶然"还是"必然"的争论。这种争论在郑州局党委的"干预"下迅速在全局传播。在随后的 7 个多月时间里,"学习何宗伟,安全立新功"成为郑州局开展安全主题教育活动的重要内容，"何宗伟现象"在郑州局悄然形成。当年年底，郑州局党委根据"何宗伟现象"编辑出版了《责任的力量》一书，并在济源车务段举办了隆重的首发仪式。

"当一个人的良好安全行为变成一种现象时，铁路安全生产就有了坚实的基础。"郑州局党委领导对"何宗伟现象"有着更深的理解。近年来，无论刮风下雨还是酷暑炎热，只要是接发列车，何宗伟都会习惯性地做到上看装载加固，下看车辆走行，中看车门扒乘，后看尾部标志，真真正正把安全贯彻到工作的每一分每一秒中。这样的责任心，这样的工作态度，事故当然会被轻松避开。

强烈的安全责任感是安全的保障，把这种责任心贯彻到工作的分分秒秒，才有可能保证安全。

第五章

重视安全细节，掐灭引发事故的"导火线"

安全在于细节，细节决定成败。在安全工作中，细节比任何地方都更为重要。很多时候，一个细节注意不到，就可能出大事故，一个小失误没能整改，就会变成大事故。所以，抓安全绝不能忽略细节，就不要怕"小题大做"，只有从细节着手，从小处用心，扎扎实实把每一个安全细节做好，才能斩断事故的"导火线"，消除事故的"绊脚石"，才能真正消除事故，保证安全。

1.

安全在于细节，细节决定安危

细节是大海里的一滴水，它可以映射出安全生产工作的水平；细节是鞋里的一粒细砂，它可能会在你攀爬安全生产高峰时疲惫不堪。在很多时候，安全其实就是由细节决定的。我们注重了安全的细节，没有忘记安全小事，我们就可以保证安全，消除危险，否则，我们就会尝到小事导致的事故苦果。

职工张某在车床加工零件时未穿着符合操作规程要求的"三紧"服，在其检查机械加工情况时，袖口毛线头不慎被高速旋转的工件缠绕，引起头部被卡盘猛烈撞击，后经抢救无效死亡。

职工程某在夜间操作叉车装石膏板过程中，由于卡车司机将卡车挡车板随意放置在叉车装货运行路线上，引起叉车司机在视线被所装货物遮挡的情况下而违章前行驾驶叉车，同时卡车司机又因卡车换件维修等事项背对叉车，蹲着电话联系车主，未注意叉车运行情况，最终使卡车被碾压死亡。

施工人员片某在对一截面1100毫米×1600毫米，高2300毫米钢筋混凝土柱子拆除过程中，违章使用风镐掏空构件底部，对裸露的钢筋进行切割，造成构件突然倒塌，并未察觉有人被压在下面，后此人送往医院抢救无效死亡。

2006年11月5日11时38分，山西省同煤集团轩岗煤电公司焦家寨煤矿发生一起特别重大瓦斯爆炸事故，造成47人死亡、2人受伤，直接经济损失1213.03万元。11月5日11时10

分左右，山西同煤集团轩岗煤电公司焦家 511 采区突然停电、风机停风，造成一个进风巷掘进面瓦斯积聚、超限。从矿上的监测记录看，从瓦斯浓度升高到最后超过安全底线，大约有 40 分钟。按照操作规程，在这种情况下，应该赶紧将井下作业的工人撤离，查找停电原因，通风降低瓦斯浓度，时间是完全来得及的。然而，矿方并没有采取这些措施而是违规合上了电闸恢复送电，于是，惨剧发生了，47 人命丧井下！瓦斯爆炸，现在甚至连当时是谁合上的电闸也查不出来。

这样的事故我们并不陌生，甚至每天都在我们身边发生。而这些事故的根本原因，正是我们没能把细节抓好、抓实、抓完满。那些"看似细微之处"正是引发事故和死亡的惨痛关键：操作车床违章未穿符合要求的工作服；叉车操作人员视线被挡违章直行车；拆除 2 米多的混凝土柱子时违章掏空底部四周进行施工……一个微不足道的烟头，一个看似不重要的缺陷，但就是这些"貌似不可能之处"，这些微末的细节，引发了一件件血腥的事故。这一桩桩血的教训无不提醒着我们"安全在于细节"的分量！

但是在工作中却常常有一些员工忽视细节，轻视细节，抱着"螺丝少紧一扣不碍事、垫片少上一个没问题、作业简化一步不算啥"的错误态度，疏忽大意，马虎操作，殊不知正是这些看似没什么了不起的细节，就会彻底地毁掉我们美好的生活。一粒微不足道的小砂子或小铁屑掉进柴油机的主机油道里或曲轴就会造成碾瓦；一颗小小的螺丝钉的松动，可能使航天器爆炸，使科学家的研究白白断送；行车路上使用手机，可能造成车毁人亡的重大交通事故……看着因事故失去亲人哭得死去活来的场面，听着那撕心裂肺的哭声，难道还不能引起我们广大员工的重视吗？

安全在于细节，细节决定安危！只有把细节做好了，做实了，做到位了，安全才有保障，事故才能避免。

2.

祸患生于疏忽,事故发于细微

祸患生于疏忽,事故发于细微。为什么? 因为细节往往容易被忽视,小事总是不注意。但在安全工作中,越是小事却越容易出问题,而且往往出大问题。

1978 年 12 月 16 日凌晨,一场史无前例的特大火车相撞事故在河南省兰考县一个小小的杨庄车站里发生,举国震惊。

由西安开往徐州方向的 386 次列车向东一路急驶。按运行图规定,该趟火车在杨庄站要在侧线停车 6 分钟,等待其他列车通行后再开动。然而这次车过杨庄站时却没在规定的车位停下来,而是一改常态,如同失去控制的铁龙,以每小时 40 公里的速度向前冲去。两个司机睡着了! 车错过了制动时机,危险袭向了毫无准备的人们!

车上绝大多数旅客已睡熟,丝毫没有感觉到什么异常。一对新婚夫妇带着对新生活的畅想,梦中露出了甜蜜的微笑;一双可爱的双胞胎,从郑州上车开始就在妈妈怀里打闹撒娇,此刻也已挡不住睡意袭来,发出了轻微的鼾声;几名回家探亲的旅客归心似箭,抬头呆呆地望着车顶天花板,又累又困的他们大脑已不太清醒了,车上偶尔有来回走动上厕所的,但也是睡眼惺忪,谁也没有意识到死神步步在逼近。

凌晨 3 时许,凄厉的汽笛声打破了夜空的宁静,从南京至西宁的 87 次列车呼啸而来。随着一声震天的巨响,368 次列车机车拦腰撞上 87 次列车的第 6 节车厢。像被推倒的多米诺骨牌,87 次列车的第 7～10 节车厢在十几秒钟之内相继与 368 次列车的机车相撞。巨大的冲击力使几节相撞的车厢与列车主体断开,滚落在道轨外面。长长的车厢像麻花一样扭曲在道轨几米开外,行李架上指头粗的铁条折成了一段一段,火车地板残片横飞。巨响迅速传遍了方圆十余里,土地似乎也在不住地颤动。沿线的不少群众误以为地震发生了,抱着被子,衣冠不整,甚至赤身裸体夺门而出。

豫东平原在惊愕中屏住了呼吸。清醒过来之后的当地老百姓,不约而同地把惊恐的目光投向了杨庄车站的方向,一种不祥之兆涌上心头。

根本来不及反应,被撞击的87次列车的许多乘客就倒在了血泊中。哭声喊叫声此起彼伏,发生事故的铁道路段顿成人间地狱。很多人还没从睡梦中醒来,生命之花就在一瞬间凋零了。

伤亡325人!其中死亡106人,重伤47人,轻伤172人。这是截止到当时中国铁路史上最大的一次恶性事故!

英语中里有个成语:"The devil is in the details."意思是"魔鬼就藏在细节里"。这是20世纪世界最伟大的建筑师之一密斯·凡·德罗总结他成功经验时的有感而发的一句名言。他要强调的是,不管你的建筑设计案如何恢弘大气,如果对细节的把握不到位,就不能称之为一件好作品。细节的准确、生动可以成就一件伟大的作品,但细节的疏忽和大意同样会毁掉一件伟大的作品。成也细节,败也细节,魔鬼藏在细节里,天使也藏在细节里,关键就在于你,是放出魔鬼还是天使。你关注细节,重视细节,就会放出天使,锁住魔鬼;反之,则会放出魔鬼,受尽魔鬼的戏弄和折磨,甚至被魔鬼攫取走你的生命乃至一切!

在1986年8月25日的上午,大江口维尼纶厂消防队接到一个紧急电话,在107国道上有一辆载着黄磷的货车起火了。

"火情就是命令。"当他们赶到事故现场,发现就是一辆解放牌旧货车停在公路的一侧,上面装有几十桶黄磷。车上的火势并不大,只是有少数几桶黄磷在燃烧,大部分铁桶都还好好的,四周都是空旷的田野。这样的一个小火警,对他们来说简直是"小菜一碟"。

　　他们打开高压水龙头，在水流的掩护下，几个消防队员跑上前，迅速打开了车厢门，爬上了车厢，把铁桶一个个往下扔。在消防水流的冲击下，铁桶里的热水四处喷溅着，湿透他们的全身上下，他们也毫不在意。

　　他们完全疏忽了。这热水，已不是一般的热水，而是已经掺和了大量熔化了的黄磷的液体。

　　黄磷是自燃物品，自燃温度是 30℃，平时存放铁桶里，而且是浸没在水中的。这车上黄磷着火，无疑是盛装黄磷的铁桶漏干了里面的水。黄磷的熔点是 44.1℃，也就是说水稍加热，只要超过四五十摄氏度，铁桶里面原本是固体的黄磷就能完全熔化成液体。可以说，这时车上所有的黄磷几乎全熔成液态了。

　　不一会儿，车上的几个消防队员马上变成了一团团的火球。为了抢救这总价值不过 3 万元的几吨黄磷，我们付出 180 多万元的伤员医疗治疗费用，还有 4 个年轻消防队员献出了他们最宝贵的生命。

　　小灾变成了大祸，其根本原因就是扑救的方法错误。黄磷起火，是最忌讳用带压消防水冲击的。他们完全不用打开车门，爬上车箱……只需用低压水流往车厢灌，让着火的黄磷再次浸没在水中就行了。如果注意到这样的细节，又怎么会出这样的事故？

　　魔鬼就藏在细节里。每一次对于安全细节的处理，都算得上是一次与魔鬼的较量，睁大眼睛找出了魔鬼，我们就赢了，安全就属于我们，反之，如果我们没有找到它或是忽略了它，它就会溜出来给我们狠狠地甚至是致命地打击。所以重视细节，明白"祸患生于所忽、事故出于细微"的道理，真正把细节、把小事做好，才是我们避免事故的重要途径。

3.

任何小疏忽都有可能导致大事故

细节是什么？细节就是电解槽气缸上的一个快接头；就是行车上一颗小小的螺丝；就是危险地段树立起的一块警示牌；就是进入车间时随手戴在头上的安全帽；就是喝开水时的一个杯垫；就是做完之后多看一眼；就是上岗之前的一声叮咛。细节很琐碎、很不起眼，但你一旦忽视它，哪怕是极小的疏忽，都有可能引发重大的事故，使我们始料不及，被突如其来的打击弄得手足无措，目瞪口呆。

2003年7月19日下午2时30分，由贵阳开至织金的F50772宇通大客行至织金005县道33公里150米处，突然失控掉入40余米下的悬崖，造成23名乘客死亡，22人受伤，事故原因就是客车车速过快。

2007年8月19日，在山东省邹平县的一家铝母线铸造厂，发生了一起罕见的爆炸事故，厂房被夷为平地，16人死亡、50多人受伤。这是多年以来铝行业发生的最严重的生产事故。事后经专家分析，造成这一灾难的直接原因是该厂混合炉放铝口缺失了炉眼内套艰砖，导致炉眼变大，铝液大量流出，并溢出溜槽，流入循环冷却水的回水坑，在相对密闭的空间内，冷热相撞，霎时产生大量水蒸气，压力急剧上升，能量聚集从而引发爆炸。

2008年4月28日凌晨，同样是在山东，两辆客运列车相撞，72人死亡，几百人受伤，而导致这场"中国铁路史上最大惨祸之一"发生的，却只是一次失误的限速调度命令。

众多安全事故用血的教训表明，大多事故就是由"小事"演变成"大事"的。很多时候都是因为我们忽略了安全中的毛毛雨，没有及时有效地躲避，最终尝到了湿透衣服的滋味。"小违章、小违纪、小隐患"，看似不起眼，如果不及时消灭这些小隐患任其恶化，就会逐渐演变成大隐患，就有可能发生安全事故，引发大的灾难性后果。

> 2009 年 6 月 29 日，K9017 次列车与 9063 次列车在郴州站内发生侧面冲突；2009 年 12 月 4 日 21 时 16 分，武昌南机务段 SS9 型 0144 号机车牵引 Z11 次旅客列车运行至京广线北京西至后吕村站间，无法正常制动，请求救援。经调查分析，前者是因为制动工作人员疏忽，使塑料盖堵塞列车管，致使制动失灵；后者是因为由于检修人员疏忽，错接了制动软管，使列车无法正常制动。如此"小疏忽"，后果是前者酿成 3 人死亡，60 多人受伤，后者若不是机车乘务员处理及时得当，后果不堪设想。

工作中出错，往往不是出在难办、复杂的事上，而是出在小事、简单的事事上，原因就是因为事情不大、不复杂而使我们没把它当回事，从而麻痹大意，心存侥幸。然而正是这些不太起眼的"小疏忽"引发了惊天动地的"大事故"。因为细节中小，但事故的隐患早就埋下，所有的隐患只需要一个机缘就能串连起来酿成大祸。一个蚁穴毁掉一个大堤，一根火柴烧毁一片森林，一个马蹄钉失去一个国家，这样的事例数不胜数。所以关注安全，更要注重安全细节。

飞机涡轮发动机的发明者，德国人海恩曾经提出过一个关于航空界飞行安全的法则：每一起严重事故的背后，都有 29 次轻微事故、300 起未遂先兆，以及 1000 起事故隐患。这一法则后来被业界称为海恩法则。海恩法则强调两点：一是事故的发生是量的积累的结果；二是再好的技术、再完美的规章，在实际操作层面，也无法取代人自身的素质和责任感。

一件小事的失误，一个细节的疏忽，会造成前功尽弃、满盘皆输的结果。世界上大企业的倒台，有许多不是因为大事情，而是在小事上栽了跟头。工作中无小事，任何惊天动地的大事，都是由一个又一个小事构成的。任何细节，都会事关大局，牵一发而动全身，每一件细小的事情都会通过放大效应而突显其重要性，忽视了任何一个细节，都会产生不可想象的后果。

4.

事故往往发生在最薄弱的环节

根据"木桶定理",木桶中的盛水量只由最矮的那块木板决定。安全也是这样,安全管理的成败不取决于我们最坚固的防线,而往往由我们最薄弱的环节所决定。越是薄弱的环节,越容易出事故,越容易有问题。所谓"绳在细处断,冰在薄处裂",一根绳子如果粗细均匀,没有破损,不容易断开,如果有细微的破损,不及时修补,破损会越来越大,最终导致绳子从最初的细微破损处断裂。很多事故的发生,恰恰是在我们的薄弱环节。

"没事的,这里安全,不用戴安全帽","我一直都是这样,也没见有什么问题","这样既省时又省力,何况大家都是这样,又不是我一个"……正是由于这种思想上的轻视,酿成了大事故。

某年10月的一个早晨,某炼钢厂甲班进行炼钢作业。上午9点40分,负责吊渣斗的电炉工要把吊渣斗专用钢丝绳吊索挂在2号吊车小钩头上,欲将丙班留在渣坑中装有热钢渣的渣斗子运走。

9点45分,吴明在坑下将绳扣挂在渣斗子上端两个耳轴上,走到东端梯子处(渣坑为东西方向,渣斗距渣坑东墙9.6米),此时操作台车上东端电炉工小王发现吴明站在渣坑东墙根本上不来,便喊:"老吴,快上来",吴明没理睬,并挥动双手做着起吊的手势。站在台车西端的王某,面向西侧,感觉吴明有时间上到坑上后,便指挥吊车慢慢将绳子抻紧。就在绳子抻紧、稍作水平移动时,吊渣斗子的钢丝绳突然断裂,渣斗倾翻,液体钢渣沿着渣坑自西向东流淌,钢渣前沿距渣坑东墙0.8米。渣斗子倾翻后坑上人看到吴明的状态是:站在梯子第二梯上欲向上攀。由于台车东端距渣坑东墙1.5米,形成通道,高温气流迅速抬升,吴明恰置于其间,致使呼吸系统吸入性损伤、窒息,同时衣裤被烤燃后烧伤,送至医院抢救无效死亡。

经过事故调查组的现场勘查取证,调阅相关材料,询问有关人员,认定此起起重伤害事故是由于吊索具有缺陷加上作业人员违章作业、安全管理不善等原因造成的生产安全责任事故。用于调运钢渣斗子的钢丝绳(吊索具)有缺陷,事故发生前,所使用的钢丝绳(吊索具)在吊车钩头反复挤压下已有70%的钢丝呈扁状,断丝严重。破损的钢丝绳承受不了渣斗重量,在起吊的瞬间突然断裂,致使渣斗子翻倒,上千度高温钢渣流淌出来,是造成此起事故发生的主要原因。

绳子断在细处,事故出在松处。如果平时注意细节上的安全问题,如果作业负责人秉承着负责的态度,加强监督检查的力度,类似事故完全可以避免。每一个人都应该时时检查自己的绳子有没有"细处",及时处理,让隐患止于你的责任心,让事故止于你对细节的关注。

5.

防范任何小漏洞,警惕任何小错误

三国里的刘备曾说过"勿以恶小而为之,勿以善小而不为",在安全生产过程中,这句话同样有道理。因为有太多因为"小"失误而引发大事故的教训了。

在中国古代,一位老农有一天偶然发现黄河岸边长堤上蚂蚁窝猛增了许多。"这究竟会不会影响长堤的安全呢?"老农准备回村报告。路上遇见了他的儿子。老农的儿子不以为然地说："那么坚固的长堤，还害怕几只小小的蚂蚁吗？"随即拉着老农一起下田了。当晚风雨交加，黄河水暴涨。咆哮的河水从蚂蚁窝始而渗透，继而喷射，终于冲决长堤，淹没了沿岸的大片村庄和田野。

这便是"千里之堤，溃于蚁穴"成语的来历，这句成语也成为几千年来告诫人们关注小事的绝佳案例。现实活中无数血的事实告诉我们一个颠扑不破的真理：安全无小事。谁轻视安全，谁就会受到它的惩罚；谁忽视了小错误，谁就有可能酿成大事故。

2007 年 8 月 19 日，在山东省邹平县的一家铝母线铸造厂，发生了一起罕见的爆炸事故，厂房被夷为平地，16 人死亡、50 多人受伤。这是多年以来铝行业发生的最严重的生产事故。事后经专家分析，造成这一灾难的直接原因是该厂混合炉放铝口缺失了炉眼内套眼砖，导致炉眼变大，铝液大量流出，并溢出溜槽，流入循环冷却水的回水坑，在相对密闭的空间内，冷热相撞霎时产生大量水蒸气，压力急剧上升，能量聚集从而引发爆炸。

2003 年 7 月 19 日下午 2 时 30 分，由贵阳开至织金的贵 F50772 宇通大客行至织金 005 县道 33 公里的 150 米处，突然失控掉入 40 余米下的悬崖，造成 23 名乘客死亡，22 人受伤，事故原因就是客车车速过快。

这样的悲剧，怎不令人扼腕一叹！人最宝贵的是生命，生命创造了一切，没有安全，生命就没有保障，这能是小事吗？然而对小事的忽视，却往往会付出生命的代价！因为"小洞不补"的直接后果，极有可能就是"大洞吃苦"。

《关尹子·九药》中有这样一则小故事：一个船夫的船上有一个小眼儿，可船主却认为这是小事，不耽误行船就没有去管。于是，经过日积月累后导致船在行驶时沉没了。而"勿轻小事，小隙沉舟"的故事，也常常被用来时刻警醒人们：要彻底堵塞小的漏洞,如果小的漏洞不除,就会酿成大的事故。

任何小漏洞、小错误、小失误、小疏忽,都不能以其为"小恶"而为之,而任何对小细节、小漏洞、小错误、小失误的高度关注和及时整改,都切不可以其是"小善"而不为。而要紧紧围绕安全主线,防范任何小漏洞,警惕任何小错误,关注任何小细节,改善任何小失误,真正把安全落到实处,才能全面杜绝事故。

2010年3月16日10点15分,一位长途运输车辆驾驶员,在驾驶满载长度超过20多米型钢的车辆运往施工地点时,由于前面路上突遇障碍物,加之车速过快,这位驾驶员紧急刹车,车上型钢在惯性作用下向前冲击3米多,型钢穿过车头后窗破碎,直逼驾驶员后背座椅。距离驾驶员后背紧相距20毫米,幸运未造成人身伤害事故,如果惯性再大一点,这位驾驶员就有可能性命不保。

事后,经调查了解:车辆上的型钢未使用钢丝绳及其他东西固定牢固。其主要的原因是由懒惰造成的,型钢被吊到运输车上的时候,是几名装卸工人,当他们把型钢装好后,就准备下班了。这位驾驶员看到型钢没有固定,就认为固定型钢是几名装卸工应该做的事情。可是,装卸工人却认为,我们把型钢装上车,固定牢型钢是驾驶员的应该做的。这样僵持不下,驾驶员最后在型钢未固定牢固的情况下索性开走了,拉往施工地点。结果自己差点酿成惨剧。

"千里之堤,溃于蚁穴。"再坚固的安全长堤,如果忽视了一个细小的漏洞,也会在灾难面前土崩瓦解变成大错误。小漏洞会引起大事故,不排除小隐患就可能变成大隐患,不解决小问题就可能变成大问题,不处理小事故就会变成大事故,对于安全而言,任何小事都是大事,安全从来就没有小事,安全生产靠的就是每一个员工在每一件小事上的努力和用心,所以每一个员工应时刻绷紧安全生产这根弦,将安全责任落实到底,小事更加要落实到位。一旦松懈,积小成巨,最后导致事故的发生。有了隐患及时排除,严格按照操作标准来做,把无事故当成有事故,把小事故当成大事故,把小隐患当成大隐患,把轻"三违"当成重"三违",把苗头当做问题来抓,把症候当做事故来处理,抓小防大,防微杜渐,从小事做起,从自己做起,严把每一个细节、卡控每一个环节,从每一件影响安全生产的小事入手,一丝不苟、不打折扣地把安全做到完美,才能真正保证安全。

6.

将细节落实到位,才能保证安全到位

细节决定成败,只要把细节做到位了,做完美了,安全也就应该有保障了。老子曾说过:天下难事,必成于易;天下大事,必作于细。细节到位,安全就不成问题。

> 外国一家大公司开会时有一个惯例,会议主持人说的第一句话是:"开会我先向诸位介绍一下安全出口。"不仅如此,这家公司在会议室里还有一张特殊的椅子,上面罩着一个红布套,套子上写着"如有紧急情况请跟我来"。这张椅子不是每个人都可以坐,只有非常熟悉所在楼层情况的人才有资格坐。这个公司还规定,上下楼梯必须扶扶手,在办公室里不准奔跑,铅笔芯要朝下插在笔筒内,喝水时手里不许把玩东西……

如此细微的规定和做法,都是为了确保安全,不出事故或减少事故。相比之下,我们有些单位太不注重细节,只是满足于一般的号召和布置。这些单位把安全底线定得太低了,认为眼下不出事就是"安全"。但没有意识到,一些惨痛的事故,往往是因为忽视了细节所致。比如有一个事故案例,一位钻井工人在钻台上不慎滑倒了,由于安全帽没有系紧扣带,在他倒地之前安全帽被甩一边,导致后脑直接着地身亡。

细节为什么容易被人忽视? 就是因其细,因其微,因其"貌似微不足道,不重要",许多员工的心理上也形成了一种"不重要"的习惯性认识,从而养成了"马虎"和"差不多"的劣习。殊不知,这正是安全的大敌,正是那出没不定躲在细节中的魔鬼,让许多员工栽了跟头。

　　2000 年 8 月,某流域管理单位的巡渠查坝人员,在大汛期间坚守职责,在岗位上辛辛苦苦干了好几个月,眼看汛期即将结束,觉得"差不多"了,警惕性就放松了,不料就在这时,一处险段突然决口,冲坏了附近一段总干渠,使周边村民的良田被冲毁,对于那些在土里刨食的农民来讲,土地就是他们的命根子啊!2000 年 10 月 13 日,某纺织厂职工朱某与同事一起操作滚筒烘干机进行烘干作业。朱某在向烘干机放料时,被旋转的联轴节挂住裤脚口摔倒在地。待旁边的同事听到呼救声后,马上关闭电源,使设备停转,才使朱某脱险。但朱某腿部已严重擦伤。引起该事故的主要原因就是烘干机马达和传动装置的防护罩在上一班检修作业后没有及时罩上而引起的。

细是什么? 说白了,细就是认真,就是仔细,就是扎扎实实对待任何一件小事。把细节落实到位,把小事做到完美,安全才能保证。

注重细节,就是尊重客观事实,一丝不苟地工作。要求我们每一位职工,都必须摆正自己的位置,注重每一个细节,用细节的态度和眼光,去发现和消除每一个细小的安全隐患,并养成一种良好的习惯;我们每一位职工,都必须清楚明白自己在安全生产中所应负有的职责,我们时时刻刻都要回头望一下,检讨一下,我们该如何做,我们做得如何? 我们是否遗漏了某一个细节? 需要我们时刻牢记的是:安全事故往往就是因为犯了一些简单、细小、并没有多少技术含量的低级错误而发生的。一件没有预料到的小事可能引起故障,一个长久被忽略的问题可能导致一次危机。而每一个大事故的后面,都有一系列大问题和小问题的存在。

注重细节,就是要我们正视自己的优点与不足,正视自己的失误与过错,清楚并善用自己在岗位上的每一个细节中的责任与权利。如果我们一再认为安全生产不必大事小事事事操心、面面俱到的话；如果我们还在认为"只要自己不出事，休管他人瓦上霜"而漠视他人细节的话；如果我们总是大大咧咧的经验主义："没事！以前这么干都没有出事"的话；如果我们因为干了几年、十几年甚至几十年工作都平平安安，便麻痹大意，有意无意地忽视细节，有意无意地违章作业的我们总是抱着一种心态："常在河边走，哪有不湿鞋"的话；如果……太多太多的"如果"，如果我们大而化之真就那么"如果"了，那么，我们将不会拥有安全！

重视细节，还要不怕麻烦，认真对待每一件事，该走弯路的，就不能为省事而抄近道。人们总是希望以最小的消耗来获得最大的工作效果，即省事心理，其表现为嫌麻烦、怕费劲、图方便等。正是因为这种省事心理，使操作者省略了必要的操作步骤或不使用必要的安全防护而引起事故。

要把细节做到完美，最重要的一点，就是考虑问题要全面，要滴水不漏。有人说安全工作只有满分，是有一定道理的。我们即使已经做了九十九分的努力，就差那么一点而发生了事故，那么，这就跟一分也没有做是一样的，是零分。客观地说，有生产就有风险，隐患是大量存在的，关键是人们认识到了没有，有没有采取相应的防范措施。只有认真发现问题，不让任何细微的隐患有可乘之机，只有这样，才能真正做到防患于未然。

> 2005 年 10 月 18 日下午 4 点，某水泥厂巡检日产 4000 吨水泥熟料生产线 0511 回转窑传动装置时，及时发现了一号弹簧钢板最吃力的部位有 5 厘米左右的断裂纹这一细小而又重大的隐患，马上采取措施，及时避免了一起重大设备事故的发生。大窑弹簧钢板是大窑连接动力的部分，若发生钢板断裂将直接影响大窑的稳定运转。而正常情况下，大窑以每分钟 3 转的速度运转，12 块钢板也在不停地旋转，钢板裂纹是不易被发现的。可见，只要心细，隐藏得再深的魔鬼也是可以被我们抓到手的。

安全在于细节，要想把细节做到完美，每一位员工都必须牢固树立"细节决定安危"的观念，坚决克服"螺丝少紧一扣不碍事、垫片少上一个没问题、作业简化一步不算啥"的错误思想和行为。立足岗位，从小事做起，从自我做起，从现在做起，关注细节，尽职尽责，严格遵守规章制度，加强自身的安全保护,按标准化作业,从改掉习惯性违章做起,管住并规范自己的每一个动作,认真负责、一丝不苟地把每一件细节、每一道工序、每一个环节做细、做好、做到位,就一定可以保证我们的安全。

第六章
养成安全好习惯，安上事故预防的"避雷针"

当安全生产成为一种需要、一种习惯时，就表明你已经有了好的行为习惯，这样，就会为我们创造出一个和谐而安全的工作和生活环境；有了好的行为习惯，就不至于徘徊在危险边缘；有了好的习惯，就会让不幸远离，让惨剧远离，让各种事故远离。

1.

习惯决定性格,习惯也决定安全

习惯是什么? 习惯就是因为我们的思想指挥着我们的行动,并在反复的行动中所逐渐形成的一种不易改变的行为。

一个人的日常活动,90％都在不断重复原来的动作,在潜意识中转化为程序化的惯性,这些行为在不断地重复中已经成为不必思考的自然动作,这就是习惯。习惯是人们生活中必不可少的组成成分,生活中习惯是潜意识的活动,就像人体各种软件的编程,一旦启动就按既定的程序演绎。

一位没有继承人的富豪死后将自己的一大笔遗产赠送给远房的一位亲戚,这位亲戚是一个常年靠乞讨为生的乞丐。这名接受遗产的乞丐立即身价一变,成了百万富翁。

新闻记者便来采访这名幸运的乞丐:"你继承了遗产之后,你想做的第一件事是什么?"

乞丐回答说:"我要买一只好一点的碗和一根结实的木棍,这样我以后出去讨饭时方便一些。"

即使已经成为了百万富翁,乞丐的习惯性思维仍是一切为了讨饭。俗话说,"习惯成自然",因为一个习惯养成太久的话,就成为一种自然而然的思想或是行动了,成为了一种定式,一种极难改变的僵化状态。可见习惯具有的强大力量。英国著名哲学家弗朗西斯·培根曾说过:"习惯真是一种顽强而巨大的力量,它可以主宰人生。"美国成功学大师拿破仑·

希尔说："习惯能够成就一个人，也能够摧毁一个人。"心理学巨匠威廉·詹姆士说："播下一个行动，收获一种习惯；播下一种习惯，收获一种性格；播下一种性格，收获一种命运。"行为、习惯、性格和命运，无一不是由习惯决定。因为习惯一旦养成，要改变起来就很难。这样的习惯必然左右我们的日常行为。

> 有一对父子，住在山上，每天都要赶着牛车下山卖柴。老父亲很有经验，坐镇驾车。山路崎岖，弯道特多。儿子眼神较好，总是在要转弯时提醒道："爹，转弯了！"
>
> 有一次父亲因病没有下山，儿子一人驾车。到了弯道，牛怎么也不肯转弯，儿子用尽各种方法，下车又推又拉，用青草诱之，牛还是一动不动。
>
> 到底是怎么回事？儿子百思不得其解。最后只有一个办法了，他左右看看无人，贴近牛的耳朵大声叫道："爹，转弯啦！"牛应声而动。

牛已经习惯了听到这句话就转弯，没有这句话，再用什么方法也没有丝毫用处。这就是习惯的顽固之处。

正是因为习惯的这些特点，所以习惯一旦形成，要改变就很难，以至于影响我们的性格，影响我们的行为，影响我们的一切。

对于安全，习惯的力量更是惊人。据统计，在所有发生的安全事故中有90%以上是违章违纪引发的，而违章事故中又有95%以上是习惯性违章导致的。所以，我们可以说，习惯决定安全，有好的安全习惯，才可能有好的安全结果。俗话说：习惯成自然。一个人的良好习惯养成之后，终生受用。同理，在安全生产上，作业者一旦养成了良好的安全习惯，同样受益匪浅。

> 小张是某建筑工地的塔吊操作工，干塔吊操作工已经四年了，从未发生过安全事故。他有一个习惯，就是每次在攀登塔吊的时候，除了手脚利索地攀爬之外，他还要时刻注意塔吊的安全问题，查看塔吊角钢是否有裂纹，焊接口是否牢固，他还会倾听

塔吊的声音是否正常。有一次，小张已经下班了，就在他爬下塔吊就要离开的时候，突然发现塔吊其中一根立柱的角钢在使用中沿斜拉吊扣的上方角钢本体有一细小的横向裂纹。本来已经下班的小张，立即放弃了休息，马上向领导做了汇报，领导也很重视，快速来到现场，停止施工，并组织专家对塔吊做了仔细检查，检查的结果让领导大吃一惊，塔吊角钢上已经出现了多处裂纹，如果没有及时发现，后果将不堪设想。更让人后怕的是，在距离塔吊几十米的地方还有一所学校，如果这个100多米的塔吊一旦倒塌，将会有多少孩子和家庭陷入灾难。通过专家们对现场的勘查取证和检测分析，塔吊出现裂纹的原因是塔吊生产厂家制造质量不合格，没有按照塔吊的制造规范选用钢材。由于小张的安全好习惯，避免了一场大事故，公司也因此挽回了巨大的损失。

　　年终表彰的时候，公司的一把手亲自为小张颁发了奖状和10000元的奖金，并让小张为全体员工介绍自己的工作经验。憨厚的小张笑了笑，只是对大家说了一句话："我也没啥经验，就是我们的生命是宝贵的，所以我做工作的时候养成了时刻注意安全的好习惯。"

好习惯是我们的好帮手，是我们工作生活的助推器，是我们生命安全的守护神。我们每个人都依靠着这笔无形的财富，实现了我们安全工作的目标。

　　习惯犹如一块土地，倘若在这块土地上中下优良的"种子"，收获的就是果实；倘若中下卑劣的"种子"，那么收获的将是灾难。

　　安全对于任何一个企业来说都是一个永恒的话题，安全始终是"天"字号的头等大事。企业的规章制度、技术规范、操作规程以及法律法规不能说不多，亦不能说不全，关键就在于人，在于人的执行力，在于人的认识，在于人的责任心。我们总是把安全时时刻刻挂在嘴边，可为什么依然时不时总会弄出一些人为事故来呢，说穿了，也就是一个"麻痹"心理和责任心的问题、许多事故，发生在都是自以为很有"经验"的经验主义之上。

　　俗话说得好，"淹死的都是会水的"，说的就是这个道理。"会水的"因为从事了几年,十几年,甚至几十年,积累了很丰富的工作经验和现场实践能力。也正是因为实践充足了,经验丰富了,思想也就麻痹了,他们最容易忽视,或者有意无意地忽视那些认为"很麻烦"的安全措施,凭经验作业而忽视安全操作规程,于是,也就发生了"经验"之下安全的故障问题。

所以,要安全,就一定要养成良好的安全习惯,否则,安全不过是一句空谈。

2.

坏习惯是安全事故的头号敌人

为什么同样的事故一再地发生,屡禁不绝,怎么也不能完全避免呢?这其实与我们的日常安全习惯大有关系。

前面我们说过,习惯具有惊人的力量,一旦养成,就会左右我们的生活,改变我们的行为,甚至直接决定我们的生死。如果在平常的工作中,我们养成的是不好的安全习惯,那么,事故也就不可避免。

2012 年 2 月 5 日,福建某一高速路上发生交通事故,一家 6 口有 5 人当场殒命。从事故照片中,人们可以看到,事故车辆主驾和副驾的安全带插口上,各插着一个安全带卡扣。据说,这些安全卡扣,很容易买到,也很畅销,价格不贵,生产厂家还开发出许多精美的样式。"安全带",是为防止因转弯、颠簸、制动甚至发生撞击、侧翻、颠覆等意外事故时与车内其他人员、物品相撞或者被甩出车身的一种安全防护装置。开车系安全带是开车者和乘车人的安全驾驶常识。国外称安全带为驾乘人员的"生命线"。只有在安全带使用的过程中安全气囊才能发挥作用,不使用安全带,一次突发的迎面碰撞就可能给未系安全带的乘客带来致命的伤害。据专家统计,驾驶人未系安全带的事故死亡率约为系安全带的 37.7 倍;副驾乘者未系安全带的事故死亡率约为系安全带的 10.6 倍;后排乘者未系安全带的事故死亡率约为系安全带的 3.1 倍。在发生正面撞车时,系好安全带,可使死亡率减少 57%,侧面撞车时可减少 44%,翻车时可减少 80%。通过安全带和安全气囊的同时保护,能够让车上的人减少很多伤害。这是无数驾乘人员用鲜血和生命换来的经验结晶,它对驾乘人员的人身安全的保护作用,已被大量的科学研究和实践所证明。

安全带的重要作用,凡是驾车者都知道,可是现实中却很少有驾驶员能规规矩矩地使用安全带,通常是遇到交警检查时慌忙将安全带套在身上,而一离开交警,就以最快的速度将安全带从身上拿下。现在很多汽车在设计中都装有安全带提示装置,如果汽车启动后不按规定系安全带,指示灯就会一直亮着,有的还会不停地发出提示声。大家明明都知道,使用安全带可以大大减少事故伤害,却还是有很多人为图方便,宁可花钱买卡扣,也不愿花几秒钟系上安全带,结果就是提示音没有了,违规成习惯了,安全隐患也埋下了。道路上因为违规不系安全带而命丧黄泉的可以说不计其数,可是最终也没能让所有的人警醒。

还有许多事故的发生,都是因为我们养成的坏习惯。

2010 年 5 月某市一小区居民请空调工来家安装空调,结果该工人在外墙作业时失足坠楼,当时,这名工人竟然穿着拖鞋,而且没系安全带。该居民说,当时曾经要求他系安全带,结果这位工人说他一直都是这样干,从来没出过事。但是这次没能侥幸逃脱。按照有关规定,在离地面 2 米以上进行安装空调一类的高空作业时,应该绑安全带。而实际情况时,很少工人绑安全带,违规作业对他们来说已经成为习惯。

坏习惯是安全最大的敌人。如果不能及时改正我们的安全坏习惯,事故是永远无法避免的。这已经是无数人用鲜血反复证明过的真理了。

　　1994 年 11 月 27 日,辽宁阜新市艺苑歌舞厅突发重大火灾,233 人被烧死,19 人被烧伤,直接经济损失 280 多万元。起火原因正是因为舞客邢胜利习惯性地把点烟后未熄灭的报纸塞进沙发的破洞内,并且没再管它,就去跳舞了。后来报纸引燃沙发,导致 2 号雅间起火,未能及时扑灭,火势迅速窜出雅间,烧向舞厅的顶棚。大火蔓延速度之快,出乎所有人意外。13 时 42 分,消防队员到达火场,火势已经非常猛烈。14 台消防车、85 名指战员参加灭火,14 时 30 分将大火彻底扑灭。由于舞厅严重超员,安全通道不畅,经营管理人员未能及时有效地组织疏散,致使人员损失惨重,年仅 17 岁的肇事者邢胜利也在火灾中丧生。但熟悉他的人都知道他的这些坏习惯,只是他自己不知道,正是自己的坏习惯,掐断了自己的人生!

　　坏习惯就是安全的头号敌人,不改掉坏习惯就不可能有安全,就不可能彻底杜绝事故。在安全事故上有个冰山理论,浮在海面上的,是表现出来的安全事故,有死亡、工伤、医疗事件、损工事件,这些是看到的。而在海面之下,是看不到的,它们是支撑这些事故的潜在原因,这些海面之下的隐形的不安全行为,一旦爆发,会带来更大的危险。这个不容易看见的因素往往在人们心目中是小事,是我们天天都在重复的坏习惯。坏习惯不改掉,还会有新的事故发生,直到事故足够多,足够大。重视安全并不仅仅局限于口头上,而是沉下心来仔细分析,认真改正,直到消除为零,安全事故才能为零,这样,才能做到"防患于未然"。

　　正因为坏习惯有强大的破坏力,直接威胁着企业和员工的安全,直接影响到企业的效益,因此我们必须以疾恶如仇的态度,摒弃日常工作中任何一点放任和随意的坏习惯,并通过恒久的磨砺和积累养成兢兢业业、一丝不苟的好习惯,做到在工作中专心操作,自觉遵守各项制度;做到一切工作有标准,一切工作按标准操作。只有这样,安全生产才能够得到切实有效的保证。

3.

安全隐患就存在于坏习惯之中

在日常生活中，一些看起来微不足道的坏习惯，如不良的操作习惯、不良的行为习惯、疏忽大意的心态、盲目侥幸的心理，这些都是酿成事故的最大祸患。许多惨痛事故的发生都是因为这样的坏习惯所致。也可以说，每一个坏习惯中都有安全隐患存在。

小陈某化工厂的一名机修工。小陈有个爱好，就是习惯打牌，往往一打就是一整天，为此领导也多次规劝小陈不要迷恋牌桌，晚上上夜班，白天一定要睡觉，否则晚上上夜班时因为瞌睡而影响工作。

2010年某日，轮到小陈上夜班，喜欢打牌的小陈当天和几个朋友玩了一天的牌，晚上8点上班时才从牌桌上下来。由于白天没有睡觉，致使12点刚过，小陈就瞌睡难忍，趴在桌子上睡着了。凌晨2时30分左右，酸解岗位上的一名操作工急忙地跑到值班室，喊醒小陈说岗位上的一浓硫酸输送管道堵塞了，叫他赶快去疏通。此时，由于太瞌睡，那名操作工一连说了好几遍小陈还未完全清醒。迷迷糊糊的小陈急忙抓起工具箱，磕磕绊绊地赶到了故障现场。

按照公司涉险作业规定，检修、疏通榆硫酸的管道必须先到夜间生产调度处办理涉险作业审批申报表，由生产调度派员到现场落实各项安全防护措施及责任人（监护人），其中的一条防护措施就是作业人员必须穿防酸工作服，戴防护脸罩，同时现场要接通自来水管或放置一桶清凉水。而此时的小陈还沉浸在浓浓的睡意中，心里想的是赶快干完活好再回去睡觉，图省事也不办理手续。对岗位操作员的提醒，小陈反而辩驳道，规定是死的，人是活的，那些手续只是走走形式，防护服穿着太热，不舒服，再说了这活也不是第一回干，都多少回了，闭着眼睛都能干好。

但这一次，闭着眼睛的小陈没能干好。意想不到的事终于发生了。开始拆卸输酸管道结头处的阀门时，输酸管道里残余的浓硫酸一下子喷了出来。如果是严格按照安全规程操作的话，一旦有残余的浓硫酸喷出，检修人员立即迅速跳到一旁，躲避硫酸的喷洒，而此时的小陈因为瞌睡犯困反应不敏捷。而且由于小陈没有按规定穿防酸服，戴防护脸罩，而且只穿了一件衬衫，浓硫酸直接喷洒到他的脸上、胸部、双臂、两条大腿，到处都是浓硫酸，火辣辣，疼痛难忍。出现这种情况，如果现场接通自来水管或有一桶自来水，可立即用大量清水清洗，可减少伤害程度，可他因不办理涉险作业审批手续，没有经生产调度到现场逐一落实安全措施，也没有按规定在现场先接通自来水管或放置凉水一桶，现场根本没有冲洗的水源。情急之下，在一旁帮忙的操作工急忙拿起旁边的一根水管朝他身上喷洗。可没想到这根水管是车间的回水管，水温有六七十度，热水冲到小陈的身上，浓硫酸反而起了反应。小陈立即往不远的卫生间跑，但由于时间较长，虽然用水进行了冲洗，但已经晚了，小陈已经被浓硫酸严重烧伤，最终不治身亡。

爱打牌，这样的爱好和习惯很多员工都有，大家也都习以为常，并没有谁认识到这样的习惯和爱好有什么不好，更不会想到这样的爱好与我们的安全有多大关系。但通过小陈的故事，我们可以清楚地看到，哪怕是我们司空见惯最不起眼的习惯，其中也很有可能隐藏着巨大的安全隐患。

2011年10月22日21时许，呼和浩特市成吉思汗大街发生一起交通事故，一辆丰田越野车将一骑电动车的行人刮倒后，由车紧急刹车，紧随其后的一辆现代轿车又将该车追尾。

原来驾驶丰田越野车的邓先生开车由西向东行驶，由于当打电话，没有注意到有人骑着电动自行车在机动车道内行驶，当他发现前面有人时，就急忙打轮从一旁驶过，虽然避免了正面撞击，还是将骑电动自行车的人剐倒了，出于本能反应，他躲闪之后迅速踩了刹车，准备下去查看一下伤者的伤情，没想到在他车后紧跟着一辆现代轿车，虽然也采取了制动措施，但是两辆车还是追尾了，两辆车都是保险杠受损。所幸是这次事故没有人员伤亡。

开车时打电话，恐怕很多人都有这样的习惯，但是你可知道开车打电话容易造成注意力不集中，不能及时应对路面突发状况，所以开车打电话时安全隐患早已存在。

许多安全隐患存在于我们的习惯中，不仅影响着我们的生活安全，也影响着我们的工作安全。在我们安全生产中，总存在一些习惯性的安全隐患具有极大的隐蔽性，往往被工作人员疏忽，如不加以纠正，可能会造成工作人员思想麻痹和判断失误，最终产生极大的危害。

2008年7月14日10时15分，某碱厂配料工发现6号上料卷扬机蹲底。值班长李某通知配料巡检工赵某处理。李某到6号卷扬机，发现吊石斗过顶，在没停电的情况下，调整保护光电开关，导致卷扬机自动反转开启，手套被缠进伞形齿轮，进而将右手带进，使右手小拇指挤掉一截，无名指被挤断，造成重伤。

按规定，对带电设备进行维修或处理时，必须先断电，并挂"有人工作，禁止合闸"警示牌；其次，对运转的设备进行操作时，不许戴手套。而此事故中作业人员既没有断电，也没挂警示牌，违章戴手套操作。在调查事故原因的时候了解到，事发之前该车间的操作工曾多次在没有断电的情况下进行过类似的调试。由于没出现什么意外，因而操作工也如此操作，并形成习惯，最终导致事故的发生。

工作中的不良习惯，大多是习惯性违章。为了节省时间或免去许多麻烦，减少一些琐碎的操作规程而出现的操作行为，久而久之形成不良的操作习惯。比如随手乱扔工具，不按要求使用工具等行为，为后面的操作留下不便，甚至产生安全威胁。所以，为了安全，我们一定要改掉这些不好的习惯，养成良好的习惯，重视安全。

　　有几个实习生准备报名去一家工厂应聘电工。负责招聘的师傅把几个实习生召集到一起后，并没有向他们提问一些专业性的知识，而是像拉家常一样问大家："你们害怕电这东西吗？"实习生们为了表现自己都纷纷说不怕，只有一个学生低声说道："我怕电。"其他实习生都认为这个害怕电的同学太懦弱，肯定会被淘汰。结果反而就是这个同学被录取了。当这名同学后来问起来为什么说怕反而被录取时，师傅是这样回答的："敬畏并不是缺点，敬畏其实是一种素质。我们知道你对电不是害怕，而是敬畏。如果你真的害怕的话，你就不会应聘这个岗位，害怕会使你远离它，而敬畏会使你下定决心好好研究它，最终掌握它。因为敬畏，你会小心翼翼，这样会少犯许多错误。要知道，很多错误都是致命的，它永远不会给你改正的机会。"

　　原来，这个厂的一名电工因为大大咧咧的习惯，认为自己技术精熟，对电了如指掌，因而不管多危险时也从不畏惧，大胆地上。但就在不久前，他在修理一台变压器时，手不小心搭到相邻变压器的铝板上，当场身亡。

　　有安全习惯才能有安全结果，任何不安全的习惯都会埋藏着安全的隐患。如果不能改变这样的习惯，终有一天，隐患就会大胆地跳出来，伤害我们，事故就不可避免，我们再有多少的后悔，也都完全没有用了了。

　　所以，要消除这些巧合和偶然，就要从养成良好的习惯开始，良好的安全习惯是避免事故发生的前提。

4.

养成守规章的好习惯，避免事故发生

习惯决定安全，安全源于好习惯。工作中的每一个作业细节，都需要我们养成认真谨慎、一丝不苟的好习惯。无论做什么工作都不能有"少说一句不要紧、少看一眼没问题、少走一步无所谓、少做一个动作不碍事"的"四少"行为。也许我们的稍一疏忽，就会招来事故，遭遇灭顶之灾。当我们养成遵章守纪的好习惯后，安全就有了保障，事故也就可以避免了。安全从哪里来？就是从平常养成的好习惯来。

2011年10月，日本《读卖新闻》刊登一则消息，日本滋贺县一名右腿安装义肢的63岁男子因做专职司机32年无事故、无违规，被授予"滋贺县交通安全协会长奖"。这位男子名叫大久保信之，是一名公司员工。大久保信之小时候在一起交通事故受伤，右侧小腿被切除。他一直是用右膝控制油，门和刹车的，所驾驶车型为超过16米的大型拖车。他表示开这种大型车辆一方面是为锻炼毅力，挑战自我，同时也表示，他在驾驶车辆时，一直将安全驾驶牢记心间，养成了安全驾驶的好习惯。大久保信之在上小学一年级时被一辆卡车撞倒，虽然保住了生命，但右腿膝盖以下却进行了截肢，上三年级的时候，大久保信之安装了义肢。22岁时，大久保信之考取了驾驶执照，一年半后进入一家服装厂当司机。那时，他自认为驾驶技术已经很。熟练了，却不幸撞倒一个突然出现的女性，造成该女性受重伤。受此打击，大久保信之更加认识到安全的重要性，在驾车时小心谨慎，尤其是在过路口时，总是谨慎慢行，左右确认几遍之后才通过。1978年之后，他就再没违反过交通规则。现在，大久保信之进入了长滨市一家运输公司工作，又考取了大型车辆驾驶执照。他目前的工作就是每天驾驶大型拖车行驶 200 公里，往返于长滨市和名古屋港之间。他表示，安全驾驶是司机的天职，并希望在持有驾照的期间，一直坚持安全驾驶的好习惯，做到无事故、无违规。

在安全驾驶方面大久保信之是有过教训的，可贵的是，他能够吸取教训，积累经验，时刻警示自己、提醒自己，养成了安全的好习惯，最终实现了自己的安全目标。当然大久保信之并不是无违规时间最长的纪录者，据报道英国 99 岁的老人乔治·格森，已经连续 84 年安全驾驶近 160 万公里，却从没有收到一张超速罚单，或引发任何事故，被称为英国最老、最安全的司机。

格森先生安全行车 160 万公里，自有他的必然，他说，他开车不违章、不发生事故的绝招就是安全第一，并且他一直都很注意遵纪守法。他说："我总是告诉自己，如果我遵纪守法，那就没理由害怕任何人和任何事。""我们以前认为每小时开 60 英里就非常快了，但是现在人们都要开 100 英里，这对我来说太快了。"令人惊奇的是，格森先生从未参加过驾驶考试。格森先生在 1925 年他 15 岁的时候拿到驾照。他说："那时根本无需通过驾驶考试，他们就会发给你驾照。"他迄今为止已经拥有和开过几十辆汽车和摩托车，而且从未发生过一起重大事故，也没收到过罚单。

大久保信之和格森先生有一个共同的特点：就是注重安全、小心驾驶。俗话说，小心行得万里船。这个小心并不是害怕哪个人，也不是害怕什么事，而是对生命的尊重，对安全的敬畏，只有这样才能使自己始终保持良好的安全习惯。

安全生产其实和开车一模一样，要想安全，就必须要百分之百地遵章守纪，绝不越雷池半步。只有做到这一点，安全才有保障，事故才能避免。安全生产就是要每一个人都必须遵守规章制度，只有这样，安全生产才有保证，一旦有一个人懈怠，那么就会付出沉重的代价。

2009 年 5 月 7 日,深圳某钻井队在某井进行设备安装。8:20 开始安装顶驱导轨(共 4 节,每节长 8.19 米),参加安装的人员有副队长郑某,钻台大班李某,司钻赵某、刘某,副司钻王某、张某、牛某(新疆某劳务派遣公司库尔勒分公司劳务派遣工),井架工周某,内钳工孙某,场地工赵某。司钻赵某操作刹把,吊起驱导轨的提升架安装在第一节(最上一节)导轨的顶部,并加装固定锁销。8:10 按正常顺序安装完第 4 节导轨后,用游钩上提提升架(长 1.1 米,宽 0.6 米,高 0.65 米),大钩与提升架用钢丝绳软连接,提升架上端面距大钩 0.7 米安装导轨,导轨与吊臂连接完毕后,副司钻牛某和井架工周某上井架拆卸顶驱导轨提升架固定锁销,牛某进入提升架内拆卸提升架固定锁销(长 64 米,直径 12 米),第一次未拆掉,牛某从井架下到钻台,询问钻台大班李某如何拆除后,再次上井架进入提升架拆除固定锁销,此时井架工周呆站在井架梯子上协助午呆递送工具。9:40 提升架固定锁销拆除,牛某坐在提升架内示意下放游钩,司钻刘某操作刹把,开始下放游钩。当提升架下行至第一节与第二节顶驱导轨的连接处时,提升架突然卡住,游钩继续下行,牛某被压在游钩与提升架之间,后脑受挤压,从提升架内跌出,安全带将其挂在空中。现场人员立即组织抢救,将牛某救下钻台送至医院救治,经抢救无效死亡。

事后分析,这件事故的原因是违章操作,牛某拆掉顶驱提升架固定锁销后,试图直接乘坐提升架下到钻台,副队长郑某指挥司钻刘某操作刹把送牛某下井架,违反《顶驱安装操作步骤及注意事项》中"严禁搭乘顶驱导轨提升架,避免人员伤害"的规定。

大量事实说明,许多工伤事故的发生,正是由于人们没有严格遵守规章制度,给安全生产带来严重的隐患,致使事故如恶魔般扑向人们,带来了永远无法抹平的伤痕。只有严格遵守制度,才能保证安全。否则,再好的规章制度如果不遵守,也不能保证安全生产。

雅克 42 型 B2755 号飞机发生事故,当天执行 GP7507 航班任务。7时17分从太原起飞,9时10分在杭州起飞,11时20分在厦门降落。12时39分从厦门起飞,14时19分在南京降落。机组在南京办好过站手续后,继续执行GP7552航班任务,飞往厦门。于14时59分请求开车,15时02分滑出,15时04分进跑道,起飞方向2380。15时06分在跑道起点加到起飞马力后开始滑跑。滑跑960米达到决断速度204公里/小时,滑跑1018米达到抬前轮速度215公里/小时,滑跑1198米达到离陆速度230公里/小时,滑跑1968米时最大速度达到270公里/小时。此时距跑道末端只有178米,飞机始终未能离开跑道,继续滑跑,经过60米的安全道、360米的草地和监条宽6.8米、深1.5米的水沟,以210公里/小时的速度撞在一条2米多高的防洪堤上,并越过防洪堤于空中解体,坠地起火。残骸主要分3部分散落在约5000平方米的范围内。机身、机翼被烧毁机身前部被撞碎,机身尾部落在一水塘中。失事时间为15时08分。

导致这起事故的直接原因是,机组未把飞机全动式平尾调整到与飞机重心相适应的角度起飞,致使飞机始终未能离开地面。根本原因是机组未严格按照该机型《飞行操作指南》进行操作。

安全生产规章制度和操作规程是生产经营单位根据本单位的实际情况,依照国家法律、法规和规章的要求所制定的具体制度和安全操作的具体程序。从业人员严格遵守有关安全生产的法律、法规以及生产经营单位的安全生产规章制度和操作规程,是生产经营单位安全生产的重要保证。只有严格遵章守纪,按章操作,生产经营单位的安全生产才有可靠保证。但是本案的机组人员在起飞过程中未按飞行手册规定程序操作,是造成事故的直接原因。该机驾驶舱有一平尾警告提示系统,不管调不调平尾,黄色警告灯都是亮的,而且起飞时还有警告喇叭响。按照正常操作程序,滑行前,机组应先将平尾调到适当位置,并与驾驶舱里的指示表校对平尾度数;之后,还要与地面机务人员核准无误后方可按下警告消除按钮。但这一次,机组既未调平尾,也未与地面机务人员核对,盲目将消除警告按钮按下,结果警告指示系统失去作用,酿成大祸。

其实我们仔细分析已经发生的事故,又有几起不是因没有遵守制度造成的恶果呢？人的生命仅有一次，一旦丧失就无法再次拥有。所以，一定要养成遵章守纪的安全好习惯，才能使我们的安全得到保障，珍惜生命，让幸福长存。

作为员工，要时时刻刻严格遵守各项安全管理规章制度，促进安全管理工作标准化、精细化、规范化，消除身边不安全的状态和不安全因素，切实养成遵章守纪的安全好习惯。

5.

改掉安全坏习惯，避免"血的教训"再上演

世界上最可怕的力量是习惯，世界上最宝贵的财富也是习惯。好习惯能使我们有个好前程，好事业；坏习惯能毁坏我们辛苦建立起来的基业。著名教育家乌申斯基说过：如果你养成好的习惯，你一辈子都享受不尽它的利息；如果你养成了坏的习惯，你一辈子都偿还不尽它的债务。这绝不是危言耸听，一个个已经发生，或正在发生的事故教训已经证明了这一点。

1986年6月某日，某卷烟厂发生火灾，卷烟一、二两个车，烘支房的机器设备、产品等物资被烧坏、烧毁。其中烧坏国产卷烟机36台，进口卷烟机一台，接嘴机三台、包装机四台，两个车间的动力照明设备、吊顶和隔墙全部烧光，烧毁八个牌号的成品、半成品香烟229箱，直接经济损失56.4万元。

经查，这场火灾的直接原因，是某职工习惯性地违章吸烟，烟头引燃一车间内用胶合板修建的废烟末房中的废烟末、废纸，火焰窜上车间的纸板吊顶，致使火势蔓延，酿成大火。

2012年2月16日0点30分，湖南省衡阳市某煤矿发生一

起重大运输事故,造成 15 人死亡、3 人重伤。事故的直接原因是:该矿违规使用矿车在斜井(斜长 420 米,坡度 28)运送人员,且运料车与乘人矿车混挂(4 节载人矿车在运行方向之前,4 节料车在后),运行中第 2 节与第 3 节料车连接绳套(用钢丝绳和绳卡子自制的绳套)拉脱,导致 2 节料车和 4 节矿车跑车。而事故调查的结果更是令人哭笑不得:原来该矿违规使用矿车运送人员且与料车混挂,根本不是偶尔违章,而是从建矿开始就养成的习惯,工人们坦承,他们一直就是这样做的。因为这样更方便,更省事。

2005 年 7 月 21 日,某动力厂机修班班长李某安排机修工卜某、王某到动力厂煤渣场维修断裂的 7 号吊车升降钢丝绳。煤场起重装卸机械工黄某配合卜、王两人工作。经检查确认安全措施落实后,卜、王两人开始维修。14 时 50 分,卜、王两人装好钢丝绳,随后调节滚筒钢丝绳排列和平衡杆。卜某站在吊车对面观察,在黄某点动吊车调节滚筒钢丝绳排列和平衡杆的过程中,王某突然用手去调整钢丝绳,被钢丝绳夹中右手手指(包括小指、无名指、中指、食指),后被急送往医院做手术,小指被截肢两节致重伤。造成这起事故的直接原因就是王某平时的坏习惯所致。王某这个人爱图简便,不愿意费事,平常工作也不太爱使用工具,而是用手直接工作,他觉得这样能让自己更有感觉,做得更好。但这次,他没有做得更好,而是让自己的手重伤了。

坏习惯是违规的通行证,是事故发生的导火索。好习惯造就好结果,坏习惯酿成坏结局。安全工作更是如此,那伤人性命,吞噬财产的熊熊烈火可能就是那个忘记掐灭的烟头;而那从高空坠落的作业人员往往是因为安全带、安全帽的疏忽。安全与危险只是一瞬间,坏习惯就是事故发生的催化剂。

某区检察院曾经对 2010 年处理的辖区内生产安全事故进行了统计。2010 年以来,该院共参与辖区内发生的生产安全事故情况调查 14 起,其中工程建设领域居首,七成以上的事故是由于违规作业导致的。生产安全事故造成危害后果严重。参与调查的 14 起安全事故中,共造成 14 人重伤或死亡。其中,死亡人数达 8 人,占 57.14％;重伤人数达 6 人,占 42.86％。共造成直接经济损失约 666 万元,其中,死亡事故造成的直接经济损失约达 606 万元,占 91％;重伤事故造成的直接经济损失约达 60 万元,占 9％。如某高处坠落死亡事故,因毛竹脚手架搭设不规范发生折断,致工作面木板侧翻,施工人员从空隙中坠落身亡,造成直接经济损失约 80 万元。其中,工程建设领域居首,参与调查的 14 起安全事故,发生在新建大楼、隧道工程等工程建设施工过程中的占绝大多数,共 11 起,占 78.57％,导致死亡的有 6 人,重伤 5 人。检察机关在对事故原因进行调查后发现,违规操作情况突出。参与调查的 14 起安全事故,主要由于违规操作原因直接造成事故的达 10 起,占 71.43％。另外,主要由于安全措施不到位、监管不力等因素直接造成事故的有 4 起,占 28.57％。而这些事故绝大部分与习惯有关。

"我们平时都是这么做的,没事儿,你放心!""凭以往经验,这样做应该没有问题……"这是很多人的口头禅。但实际上,正是这些他们习以为常的行为,最终使他们尝到了事故的苦果,领略了"血的教训"。

在湖北汉宜高速公路曾经发生过这样一起特大交通事故。一辆大客车与一辆大货车相追尾,结果造成 12 人死亡,41 人受伤。据相关报道,这起事故发生的原因是由于大客车司机习惯性作业发生意外而造成的。原来,司机老李有一种习惯,那就是每当开车开得很疲乏的时候,总要点上一根香烟来解乏提神。事故发生前,他已经连续驾车九个小时,很困了,他就习惯性地点上了一根香烟,一根致命的香烟。就在他准备超前面那辆大货车的时候,从香烟上掉下还带着火星的烟灰一下子落到了他的腿上,由于当时是夏天,他穿的裤子又很短,他低头用手去弹烟灰,踩油门的脚由于烟灰的灼痛本能地一伸,车速猛的一快,就一下子撞在前面那辆大货车上,事故就这样发生了,12 条鲜活的生命就这样永远地沉睡了,司机老李也被当场撞死,也许他永远不会明白他会为自己这样一个小小的坏习惯付出如此惨重的代价。

像这样看起来似乎匪夷所思,难以相信的事故,追根究底,还是习惯在作祟。这起事故源于一个坏习惯,但一环一环向前推进的严密程度让我们难以置信,但事故就这样发生了!而且如此残忍,如此惨烈,如此让人难以接受!也许,一个小小的习惯,在很多时候都无关紧要,就像我们有一万次违章,也许,我们又有了一万次的侥幸,但是哪怕只有一次疏忽,一次失误,一次巧合,事故就会无情地降临到我们身边,那个时候我们再去后悔还有什么意义?就像司机老李,困了抽根烟解乏,有什么不行的呢?夏天驾车,没按安全规定穿上长裤,似乎也不是什么大事,但一旦养成了这样的习惯,就埋下了安全的隐患,说不定什么时候惨案就会发生。所以,我们一定要改掉安全坏习惯,养成安全好习惯,才能避免血的教训再次发生。

习惯的力量是无形而又强大的,好习惯可以让人终身受益,坏习惯则像恶魔缠身,处处影响着我们的工作和生活。戒掉安全坏习惯的唯一办法,就是牢记安全,强化安全意识。只有时刻绷紧安全弦,才能时刻警惕自己的不良习惯,进而改正这些不良习惯。人的知识是学出来有,人的能力是练出来的,人的习惯是培养出来的,时刻注意自己的行为,告别坏习惯,让安全成为习惯,才能拥抱安全。

听人讲过这样一个故事。三个旅行者同时住进一家旅店。早上出门时,一个旅行者带了一把伞,另一个人带了一根拐杖,第三个人什么也没有带。晚上回来,拿伞的人浑身是水,拿拐杖的跌得遍体鳞伤,而第三个旅行者却安然无恙。前两个旅行者很纳闷:他怎么会没事呢?第三个旅行者先反问拿伞的旅行者:"你为什么没被淋湿却没有摔伤了呢?"拿伞的旅行者说:"当大雨来临的时候,我因为有了伞就大胆地在雨中走,却不知道怎么被淋湿了;当我在泥泞坎坷的路上行走时,因为没有拐杖,所以走得非常小心而未被摔伤。"第三个旅行者又问拿拐杖的旅行者：“你为什么被淋湿而是摔伤了？”拿拐杖的说：“当大雨来临的时候，我因为没带雨伞，便拣能躲雨的地方走，所以没被淋湿。当我走在泥泞坎坷的路上时，我便用拐杖拄着走，却不知为什么常常跌倒而摔伤。”第三个旅行者听后笑了笑，说：“这就是我安然无恙的原因。当大雨来临时我避开走，当道路坎坷时我小心走，所以我既未被淋湿又没有摔伤。你们的失误就在于你们自恃有凭借的优势，有了优势便少了忧患。”

一个注重安全的员工知道如何培养好的习惯来代替坏的习惯，当好的习惯积累多了，自然有利于克服消极抵触心理，增强行动的自觉性，就会在一举手一投足上都严格要求自己。而当你养成好的习惯了你就会知道这样做我是违章的，我应该如何如何才是安全的。就不会嫌麻烦而弃安全，就会很自觉地改正自己的麻痹思想，用安全的知识来武装自己、保护自己。同时安全的知识也会像你朋友一样时刻提醒你怎样做才是好的。

“要养成良好的习惯，就必须克服一些坏习惯。”荷兰的著名思想家伊拉斯谟也曾说过：“一个钉子挤掉另一个钉子，习惯要由习惯来取代。”就是要用理智的力量迫使自己去遵守好的行为，久而久之一种自动化的、自然而然的行为就会使你轻松地去遵守某种行为规则。你在工作中就会不知不觉养成好的习惯。用我们理智的好习惯来取代长期养成的坏习惯，将自己所意识不到的习惯性违章用我们平时所养成的好习惯来克服它。除去长期行为所导致的惯性思维。

要除掉旧习惯最好的办法就是培养好的新习惯，开辟新的心灵道路。正所谓习惯成自然，古罗马诗人奥维德曾经说过坏习惯是在不知不觉中养成的。坏的习惯并不可怕，关键在于我们要经常反省自己，意识到自己有哪些坏习惯，要有坚强的意志、有坚定的决心。一种好习惯的养成是我们成功的基础。我们需要用自己好的行为习惯的养成来去除我们工作中的习惯性违章的发生，只有习惯才能取代坏的习惯，只要养成了好的习惯就一定能杜绝习惯性违章，破解习惯性违章的魔咒，保证岗位工作安全。

6.

养成安全好习惯，为预防事故安上"避雷针"

一些安全事故的发生，往往并不是什么重大环节和重点部位出了问题，而是一些细节的疏忽和坏习惯酿成了大祸。很多安全事故的发生，表面来看有这样或那样的原因，但深究起来，责任心以及责任意识的缺失影响下的低素质"负作用"的表现占很大比例。所以，每一个员工都要努力培养自己的安全意识，养成良好的安全习惯，才能为预防事故安上"避雷针"，保证自己的安全，也保证岗位的安全，保证生产的安全，保证企业的安全。这一点，我们要向世界上最安全的公司——杜邦公司学习。

美国杜邦公司被称为是全球最安全的地方之一，其实在杜邦公司 200 年的历史中，前 100 年的安全记录并不理想。1802年公司成立时以生产黑色炸药为主，发生了许多事故，1815 年杜邦工厂爆炸，9 名工人罹难，损失两万美元。1818 年，更严重的大爆炸夺去了 40 名工人的生命，而那时整个杜邦工厂才只有一百多人，损失 12 万美元。其中这次大的事故就是因为员工过量饮酒违规操作造成的。血淋淋的事故让杜邦公司认识到了安全的重要性，认识到职工坏习惯的危害，开始着手从各方面加强安全。

比如，杜邦公司无论召开什么规模的会议，主持人首先要讲的第一件事情一定是安全出口和紧急逃生的内容，以防不测事件的发生口尽管对于这会场，领导者及所有参会人员都已十分熟悉，无需再讲也能准确找到出口位置并快速疏散，但杜邦公司并不因此而取消这一会议程序。这虽然是一个很小的，且有点程式化的举动，但在员工心理产生的安全动力和潜移，默化作用却不可低估。

　　杜邦公司安全管理之严格，已经到了近乎苛刻的程度。比如，进入微机室就必须戴上安全防护镜，否则就是违章；工厂每一个出入口的上方都必须有指示灯并能保持长明；每个车间都安装有安全沐浴器，包括紧急冲淋器、洗眼装置；杜邦上海公司针对药生产的特殊性，对员工的工作服的存放、清洗和废旧制服的处理都做出了严格的规定，要求员工不得将工作服带出厂外。

　　为使员工养成良好的安全习惯，杜邦公司对员工的行为进行严格控制，不能容忍任何偏离安全制度和规范的行为。杜邦的任何一员都必须遵守公司的安全规范和安全制度。如果不这样做，将受到严厉的纪律处罚甚至解雇。为了让员工在工作外的时间里也要做到安全，杜邦公司提出"把工人在非工作期间的安全与健康作为我们关心的范畴"。杜邦公司对员工的要求看起来近乎琐碎，"上下楼梯要手扶扶手"、"上车后的第一件事永远是系安全带（不分前后排）"、"不能因贪图美味而去安全设施不完备的小店，在就餐时要选在饭店一楼靠门口的地方"、"出差住酒店要选择比较低的楼层"、"开会或搞活动的第一件事是安全，要让所有人知道安全通道在哪？"、"停车一定要车头向外"、"工作时一定不要奔跑"、"开车时绝对不能接、打电话（不管是否用耳机）"、"抽屉不用时请关好"、"不要边走边看文件"、"铅笔必须笔芯朝下插在笔筒内，喝水时手里不能把玩东西"……杜邦就是用这些严苛的规章制度，终于利用100年的时间形成了完整的安全体系，长此以往的严格安全训练和要求，使杜邦公司的员工对安全几乎形成了条件反射，一些安全要求动作甚至成了员工们平日的"习惯性动作"，因此有人曾笑侃地总结说，"扶着扶手上下楼梯的人，一定是杜邦人"。

　　正是由于杜邦公司员工有着这样的良好习惯，使杜邦公司一直保持着骄人的安全记录：安全事故率比工业平均值低10倍，杜邦公司员工在工作场所比在家里安全10倍，超过60％的工厂实现了零伤害。杜邦公司在世界范围内的许多工厂都实现了20年甚至30年无事故，此事故是指休息一天以上的因公受伤造成的病假。30％的工厂连续超过十年没有伤害记录。一个

全世界最危险的公司就此成为了全世界最安全的地方！

就这样，由于杜邦公司对安全的高度重视和长期以来形成的良好的安全习惯，这个本应当是世界上最危险的地方却成为了全世界最安全的地方。这就是安全好习惯创造的奇迹。

可见，良好的安全习惯，就是最大的安全保障，是预防事故最有效的"避雷针"。

大家一定对在"5．12"四川汶川大地震闻名遐迩的绵阳市安县桑枣中学的"桑枣奇迹"记忆犹新。2008年5月12日发生的汶川大地震，69227人死亡，374643人受伤，失踪17923人，全世界为之哀恸，而就在这块破碎的大地上，却出现了生命的奇迹。四川安县桑枣中学紧邻北川，在此次汶川大地震中也遭遇重创，但由于平时的多次演习，地震发生后，全校31个班的2200多名学生、上百名老师，从不同的教学楼和不同的教室中，仅用1分36秒全部冲到操场，毫发未损。桑枣中学之所以能够创造出"桑枣奇迹"，靠的是平时重视安全的好习惯。

从2005年起，桑枣中学每学期进行一次模拟停电、垮塌、暴雨、地震等紧急情况下的疏散演习，演练时，每个班级的疏散路线都一一定好，在每个班级内，前4排学生走教室前门、后4排学生走后门，这一规定要绝对服从。据说这些演练活动曾经遭受过讽刺挖苦，也让很多师生反感，可叶校长却不为所动，持续坚持。

由于常年演练，由开始的视同游戏变成后来全校高度一致的自觉行动，疏散动作由"习惯"变成了自然，疏散时间也由9分钟缩短至1分30多秒。2008年5月12日14时28分，桑枣中学的常年坚持的好"习惯"，终于产生奇效，挽救了2200多条鲜活的生命，创造出了世界闻名的"桑枣奇迹"。

目前，我国每年在事故灾难、自然灾害、公共卫生和社会安全等突发公共事件中，非正常死亡人数超过20万，伤残人数超过200万。其中，仅在事故灾难中遇难的就有 13 万人,受伤 70 多万人。

原因是多方面的,但违章指挥、违章作业、违反劳动纪律造成的事故是主要原因;因遇险人群无知,平常没有经过严格的安全训练,没有养成良好的安全习惯,从而使在事故中造成不应有的伤亡,数量也是非常惊人的。有关部门对我国国民安全素质抽样调查显示,48.6%的人在火灾发生时不懂得如何逃生自救;46%的人对突发事件的应急方法和措施了解有限,26.6%的人根本不了解;47.6%的人认为自己无法面对突发情况,自我逃生。

但一旦我们养成安全的习惯,那么我们就有可能轻易地避开事故,减少事故发生,或是降低事故的损失,使安全得到保证。

> 深圳市南山区南头城小学三年级 7 岁学生袁媛,在父母煤气中毒、生命危急的关头,临危不乱,冷静应对,用老师讲授的安全知识,成功地挽救了父母的生命,她是中国的骄傲。

> 2005 年,一位 11 岁的英国小女孩蒂莉·史密斯,被请到联合国总部接受表彰。因为她的爱心、善良,更因为在小学课本上学到的有关地震与海啸的知识,在 2004 年泰国普吉岛海啸灾难中拯救了 100 多人的生命。

经验证明,当危险迫在眉睫或正在发生时,良好的安全习惯正是我们的"救命绳"。只有那些养成了安全习惯的人,才有可能避开灾难,平安生存。

安全生产作为预防安全事故的最重要的战场,更需要靠好习惯来保驾护航。不好的安全习惯很可能会让我们陷入绝境,而好的安全习惯,却足以让我们死里逃生!

> 2009 年 11 月 21 日凌晨 2 时 30 分所发生的黑龙江龙煤控股集团鹤岗分公司新兴煤矿发生瓦斯爆炸事故致使 108 人遇难。就在这起令人悲痛的事故中,上演了一幕几名瓦检员凭借自己的安全好习惯,救出 30 多名工友的感人故事。

> 瓦检员范铭华是第一个发现瓦斯浓度有异的人,21 日凌晨

1时30分，范铭华所在的16号掘进队正在放炮。这时，范铭华的瓦斯便携报警器突然叫个不停。他低头一看，"便携"显示瓦斯浓度已经3‰了，瓦斯浓度超标。不到1分钟时间，范铭华再测，瓦斯浓度已经升到10％。注重安全的范铭华意识到了事态的严重，立刻通知所在工作面的7名矿工向避灾通道撤离口。紧接着，他向调度室发出"井下三水平大巷瓦斯超限"的报告，就是这个报告，为井下作业人员准备了53分钟的逃生时间。接到范铭华的报告后，调度室人员及时切断了井下电源，通知井下作业人员撤离。范铭华一面招呼着工友们跟他走，一面寻找着安全路线，就这样一路上不时有其他工作面撤离的工人跟上来，范铭华带领的这只逃生队伍由最初的七八个增加到了三十多人。2时30分，瓦斯发生爆炸。这时范铭华已经带着三十多人撤离到安全地带。

另一名瓦检员王仕利也像范铭华一样救护着30多名工友迅速撤离。21日1时37分，王仕利正在219号采煤队作业区巡检。此时，他随身携带的便携式检测仪突然发出警报。"瓦斯超限"，王仕利立即命令采煤工友赶紧撤离。当他带领20多名工友沿着避灾路线撤到三水平二段钢带机时，发现此处瓦斯超限，风流反向。"这里不能通行。"在安排其他工友撤离的同时，他提醒身边的瓦检员用粉笔在风门上写下"此门不通，请走北大巷"，提醒走此路线的工友注意。凭借着自己的经验，王仕利带着三十多名矿工从4号升井口成功脱险。

正是这些有着安全习惯的员工，帮助自己也带领他人一次次逃离了事故的魔掌，他们一人救护了三十多人，其背后并不是简单的三十多人，而是保全了三十多个家庭的完整和幸福，以及关心这个家庭的无数亲人。

习惯是长期慢慢形成的某些意识或行为，具有很强的惯性。所以我们平时就要注意养成好习惯，注意一点一点地积累。

我们在生产经营中的一些违章违规的不良习性不是与生俱来的，而是源于平时养成的坏习惯。一些事故隐患或未遂事故往往是坏习惯引起的，在未发生事故以前根本就很难引起重视。等到事故发生后，大家才悔当初不该如何如何。

　　在众多安全事故中不安全习惯的影子时时会出现,比如手扶钢绳以至受伤、不佩戴安全帽以至头部被砸伤或撞伤、不背挂安全带在高处行走以至摔伤、习惯性的舞动工具对他人造成直接伤害、维修设备不安放明显警示牌以至其他人开动电源导致事故等。从这些安全事故中不难看出,养成良好的习惯在安全工作中是多么重要。

　　1961年3月23日,前苏联首航太空的宇航员邦达连科在充满纯氧的舱内训练,这是前苏联准备发射人类第一艘载人航天飞船"东方"号的前一天。邦达连科在休息时,他用酒精棉球擦拭过身上固定传感器的部位后,随手将酒精棉球扔到一块电板上,这一细小违章行为顿时酿成灾祸。他被严重烧伤,10个小时后死亡,成为人类载人航天首位遇难的宇航员。

　　"东方"号飞船主设计师科罗廖夫极力推荐加加林,主要理由是加加林有照章行事、精确仔细的好习惯。他每次训练进舱时都不怕麻烦,脱掉靴子,只穿袜子训练。加加林这些微小的细节在大科学家眼里就是能成就大事业的人选。加加林果然不负众望,于1961年4月12日成功首飞太空,因此一举扬名,名列千秋史册。

　　加加林的成功就因为他的好习惯才给他创造了好机会。他把握了好机会,最终成就了人类历史上的辉煌。

　　邦达连科做事随意的坏习惯与加加林照章行事的好习惯警示我们:走进现场,身在岗位,珍惜生命,确保安全,必须从细微之处养成好习惯做起。

　　从中国俗语"蚁穴溃堤"古训到苏联航天"棉球毁人"悲剧,都反反复复告诫我们养成安全好习惯,防微杜渐。

　　有位国企某机械操作手,在业内操作成绩第一,下岗后应聘到外资企业,面试的时候她操作特别快,但外企面试人员一个劲地喊"No",尽管她在所有面试者中成绩是最好的,甚至超过有些面试者的好几倍,但最终她没有被录取。她非常郁闷,不知道她这么出色为什么没有被录取。最后通过多方了解才知道,她在操作时习惯性将安全挡板拆下来了，因为她有十几年的操作经验，她可以保证不会出安全事故（她一直这样操作了十几年都没有发生安全事故）。但是外籍专家不这么认为，他们的安全意识非常强，认为一个人工作成绩再好，也抵不上出一次安全事故。对于没有安全意识的人员，哪怕你再有本事，他们是绝不会录取的。

所以，不管不良习惯在我们心中有多深的根，有多大的基础，我们都要不惜一切来改变它，根除它，并在工作、生产、日常生活中养成一种良好的、积极的安全习惯。一个人一旦养成了良好的、安全的行为和习惯，将因此受益终生。

好习惯的形成也不是一朝一夕的事情，必须长期坚持。只有充分认识到养成好习惯的重要性、在心灵深处建立起对好习惯的渴望及建立必须让人们养成和遵守好习惯的约束机制，才能逐渐铲除"习惯性违章"赖以生存的"土壤"。

不好的安全行为是在不经意间逐渐养成的，良好的安全行为和习惯则是用心一点点一件件积累起来的，不要忽略一个小小的细节，不要轻视一个小小的瑕疵，那么我们的工作和生活中就会多一份安全，多一份安心。

要改变不好的安全习惯就要从树立良好的安全行为和安全习惯做起。首先是工作前要对自身的劳保用品穿戴进行确认，安全帽的安全绳要在下巴上系好，鞋带不得露出过长，作业中所用的工具、物件等要收捡到可靠的地方或用铁线绑牢，更不要抱着侥幸心理从吊物下穿行，不要和机车抢道，检查好现场之后才开始爆破等等。

在日常的生产中，不说违章话，不干违章活，实行正规操作，提高自身业务管理水平，提高自身操作水平和操作技能。只有我们的工作安全了，我们的生活才会更幸福。

不单安全上好习惯如此，生活中的好习惯也一样如此。培养积极乐观的心态、设定自己工作生活目标、合理控制时间提升效率、不断学习专业领域知识，用于指导或持续改进工作，那么，依赖于这些良好的习惯，我们的生活质量将会得到进一步提高，工作也将会更上一层新台阶，事故也就必然与我们远离。

第七章
掌握事故预防要点，把事故消灭在萌芽之前

　　古语说：凡事预则立，不预则废。在防范事故中，这更是一条颠扑不破的真理。现代事故防范理论也表明：一切事故都是可以预防的，关键是做好预防事故的措施。所以，掌握事故预防的要点，在事故发生之前消除一切可能会引发事故的因素，把事故消除在萌芽之前，是预防事故、杜绝事故的关键措施。

1

一切事故都是可以预防的

防患于未然,是中国古代的安全智慧。荀子说:"一曰防,二曰救,三曰戒。先其未然谓之防,发而止之谓之救,行而责之谓之戒。防为上,救次之,戒为下。"在这里,荀子说了三种办法,第一种办法是在事情没有发生之前就预设警戒,防患于未然,这叫预防;第二种办法是在事情或者征兆刚出现就及时采取措施加以制止,防微杜渐,防止事态扩大,这叫补救;第三种办法是在事情发生后再行责罚教育,这叫惩戒。荀子列出了三种方法后认为,预防为上策,补救是中策,惩戒是下策。

用杜邦公司的话说,就是"一切事故都是可以避免的。"杜邦公司用自己的实际行动和结果为这句话下了一个完美的注脚:

> 杜邦公司上上下下都十分重视安全,事事、处处首先想到安全。杜邦人自豪地说:杜邦员工上班比下班还要安全10倍。2001年,杜邦在全球267个工厂和部门中80％没有出现失能工作日(一天及以上病假)事故,50％工厂没有伤害记录,20％工厂超过10年没有伤害记录,被评为美国最安全的公司之一,连续多年获得这个殊荣。

目前,杜邦公司是全球企业安全的典范,也是世界上最安全的公司之一。它的安全文化、安全措施以及安全理念正在成为众多企业学习的榜样。

当然,一切事故都是可以预防的,这并不是说事故不会发生。杜邦公司认为，工作场所从来都没有绝对的安全，决定伤害事故是否发生的是处于工作场所中员工的行为。企业实际上并不能为员工提供一个安全的场所，只能提供一个使员工安全工作的环境。美国学者认为98％的事故是人祸，我国官方也承认，特别重大事故几乎100％是责任事故，都是人为事故；正因为事故大多是人的因素引起的，而人的行为是可以通过安全理念、意识、制度等加以约束和控制的，所以人是可以成为事故的起点，也可以成为事故的终点。只要抓好了人的管理，抓好了员工的思想，抓好了员工的行为，杜绝违章违纪，消除隐患，事故自然就可以避免了。

事故可以预防，也可以避免，关键在于人，在于每一个员工，在于每一个员工的思想和行动。

2.

事故背后有征兆，征兆背后有苗头

在安全工作领域，有个有名的海恩法则，它是由德国飞行员帕布斯海恩对多起航空事故深入分析研究后得出的。

海恩认为，任何严重事故都是有征兆的，每起严重事故的背后，必然有30次左右的轻微事故、300次左右的未遂先兆和1000起左右的事故隐患，要消除一次严重事故，就必须敏锐而及时地发现这些事故征兆和隐患并果断采取措施加以控制或消除。从1：29：300：1000这组令人警醒的数字中，可以看出海恩法则所强调的两点：一是事故的发生是量的积累的结果；二是再好的技术，再完美的规章，在实际操作层面，也无法取代人自身的素质和责任心。

海恩法则告诉我们，事故案件的发生看似偶然，其实是各种因素积累到一定程度的必然结果。任何重大事故都是有端倪可查的，其发生都是经过萌芽、发展到发生这样一个过程。如果每次事故的隐患或苗头都能受到重视,那么每一次事故都可以避免。从很多的事故案例中我们也可以发现,很多事故其实早有端倪,早有苗头,如果我们发现了这些苗头,及时改进,事故是完全可以避免的。

　　2008 年 11 月 15 日,杭州市发生了中国地铁建设史上一起罕见的特大事故。下午 15 时 20 分,正在建设中的杭州市萧山湘湖风情大道地铁工地突然一声巨响,漫天尘土扑面而来,两侧的钢筋"噼里啪啦"地倒下基坑。街面上的人都还没反应过来是怎么回事,就已"飞"着掉进了一个积满水的大坑里。

　　"听到轰的一声,感觉地面一下子就陷了下去。"驾驶摩托车巡逻路过的交警金国飞描述当时的经历。当时声音很大,地下钢管发出巨大的响声。

　　一位女出租车司机回忆道,挡风玻璃本来是可以看到天空的,在那一刻,她看到的却都是地面!车子逐渐下降的时候,前方已是一片坑洼,她本能地往后倒车,可是她从后视镜中看到的一幕又让她胆战心惊:一辆雪佛莱轿车倒栽葱一样掉了下去,后面的路也断了,跟着路面一起下降的,还有一辆 327 路公交车。塌方事故发生时,这辆公交车正载着 26 名乘客和 1 名司机。

　　这些都还只是地面上看到的情景,更令人揪心的是,事故发生时还有几十名地铁施工人员被埋在地下。据幸存者回忆,当时听到一声巨响后,接着就看见近 1 米粗的钢管,一根接一根往下掉,还有泥土飞扬,水也一直往上涌,连对面人的眼睛都看不清楚。有人说这些钢管、泥土、水,"就像电影里炸弹爆炸一样,一路追着人跑,几秒钟就到了我的身后。"这起中国地铁建设史上最大的事故是如何发生的?让人们痛惜的是事故发生前已经发现了无数的征兆——

　　杭州地铁湘湖段地铁施工钢筋班一位工人说,事发前一个月,在地铁施工工地的墙面上就已经出现一道明显的裂痕。"从上到下有 10 多米长,裂缝缝隙可以伸进去一只手,基坑的维护墙面明显已经断裂。"

　　54 岁的老工人张保学称,他参与过很多地方的地铁建设,发现这里与别的地方不一样，在基坑里越往深挖，越发现全是稀泥，几乎没一块石头。

除了在地下的施工人员发现这些事故的预兆外，地面上的行人也有预感。

一位出租司机就如此反映："我很早就觉得这段路有问题了，果然出事了！"出事之前，他开车路过这一路段时，总觉得地"抖得有些不同寻常"，"就好像开在一个空心的水泥管上面一样，而且这段路上安了很多减速带，有的地方还铺着钢板。"这名司机的话也被附近一位不愿透露姓名的居民所证实，她说，事故发生以前，这一路段的路面曾经发现过裂缝，也有路面高低不平的情况发生。

发现如此多的事故征兆，为什么没有引起重视呢？为什么没有整改呢？

国家安监总局领导到来到现场，得知事故之前就已经发现了各种各样的征兆存在，随即痛批，为什么不及时采取措施预防危险，而是任由其发生？相关负责人的解释却是已经和上级部门汇报过，需要等待上级批示。

每一起事故背后都有征兆，每一个事故征兆的背后都有苗头，如果不能重视这些苗头和征兆，又如何能杜绝事故呢？如果征兆一再被发现，又一再被放过，那么，事故又怎么可以避免呢？正如上面这个事故一样，在这个过程中，如果不是大家对于这些征兆的一再忽视，也许结果会是另一番样子的。只要安全责任人能在防止事故上多用一点心，紧绷一根弦，多尽一份力，注重群策群力，让大家多想办法、多出点子，让每个人意识到防事故人人有关，人人关心防事故，切实提高了防范事故的意识，责任到位了，防范得力了，事故也就不可能发生了。

3.

事后"补救"不及事前"预防"

现实中,人们往往等到出了问题之后才忙于做处理事故。召开各种会议进行反思,总结教训,最后得出惨痛结论。亡羊补牢,加强防范,这无疑是必要的。但安全工作最好的办法还是将着力点和重心前移,在找事故的源头上下工夫,重视那些苗头和征兆,见微知著,明察秋毫,及时发现事故征兆,立即消除事故隐患,才能真正预防事故,杜绝事故。

《战国策·楚策》有一个大家都知道的亡羊补牢的故事:

> 从前,有个牧羊人养了一圈羊。一天早晨,牧羊人发现羊少了一只,原来羊圈破个窟窿,夜间狼进来,把羊叼走了。邻居劝他说,赶快把羊圈修一修,堵上窟窿吧!他说:"羊都已经丢了,还修羊圈干什么?"第二天早上,他发现羊又少了一只。原来狼又故伎重演,把羊叼走了。牧羊人很后悔,于是就赶紧堵上了窟窿,把羊圈修好了。从此狼就再也不能钻进来叼羊了。

"亡羊补牢"这句成语,便是根据上面的故事而来的,表达处理事情发生错误以后,如果赶紧去挽救,还不为迟的意思。强调的正是积极吸取事故教训,及时加强事故的预后,防范下次同类事故发生的重要性。

但是,显而易见,只要提前采取措施预防一下,就完全可以避免发生"亡羊"的代价。事故一旦发生,损失不论大小,都不可避免。所以,事故发生后的补救措施再好,也不可能把损失或伤害挽救回来。只有事前做好预防,防患于未然,把事故消灭在发生之前,才是真正能减少损失、杜绝伤害的最好措施。古代还有一个"曲突徙薪"的故事,充分说明了事前预防最有效的道理:

《汉书·霍光传》里载:

有一家人家做了新房子,但厨房没有安排好,烧火的土灶烟囱砌得太直,土灶旁边堆着一大堆柴草。一天,这家主人请客。有位客人看到主人家厨房的这些情况,就对主人说:

"你家的厨房应该整顿一下。"

主人问道:"为什么呢?"

客人说:"你家烟囱砌得太直,柴草放得离火太近。你应将烟囱改砌得弯曲一些,柴草也要搬远一些,不然的话,容易发生火灾。"

主人听了,笑了笑,不以为然,没放在心上,不久也就把这事忘到脑后后去了。

后来,这家人家果然失了火,左邻右舍立即赶来,有的浇水,有的撒土,有的搬东西,大家一起奋力扑救,大火终于被扑灭,除了将厨房里的东西烧了外,总算没酿成大祸。

为了酬谢大家的全力救助,主人杀牛备酒,办了酒席。席间,主人热情地请被烧伤的人坐在上席,其余的人也按功劳大小依次入座,唯独没有请那个建议改修烟囱、搬走柴草的人。

大家高高兴兴地吃着喝着。忽然有人提醒主人说:"要是当初您听了那位客人的劝告,改建烟囱,搬走柴草,就不会造成今天的损失,也用不着杀牛买酒来酬谢大家了。现在,您论功请客,怎么可以忘了那位事先提醒、劝告您的客人呢?难道提出防火的没有功,只有参加救火的人才算有功吗?我看哪,您应该把那位劝您的客人请来,并请他上坐才对呀!"

主人听了,这才恍然大悟,赶忙把那位客人请来,不但说了许多感激的话,还真的请他坐了上席,众人也都拍手称好。事后,主人新建厨房时,就按那位客人的建议做了,把烟囱砌成弯曲的,柴草也放到安全的地方去了,因为以后的日子还长着呢。

"曲突徙薪"就是"防患于未然",它显然比"亡羊补牢"好很多。俗话说百治不如一防,预先防范是保证安全的最佳选择。徙薪当然胜于补牢,但"徙薪"常常比"补牢"需要更严格的要求和更高的境界,把可能发生的问题尽可能都在发生问题的萌芽时期就消除。

美国一家船运公司每年都评选一次最优秀的船队,这样的船队首先要满足一个条件:出海的过程中出现事故最少。有一个船队每年都会被评上,因为在海上航行的时候,这个船队几乎没有出过什么事故。

当有人问及是什么让这个船队如此优秀时,那个优秀船队的船员说:"其实没什么,我们只是每次出航前都会对船舶进行细心的检修,消除一切可能的安全隐患。仅此而已。因为我们知道,今天不做,明天就会后悔,不提前防范,祸患就会不免。"

熟悉航海的人都知道,由于船舶运行的故障和磨损、海水较强的腐蚀性、海洋生物强烈的附着力和快速的生长力,使得船体很容易出现问题,产生难以清除的锈斑、锈皮,严重影响船舶的行驶效率和行驶安全。所以必须对船舶进行定期检修,这样才能不出问题或者少出问题。

对于事故,对于安全,"亡羊补牢"固然可慰可诫,但"曲突徙薪"更是可嘉可勉,可做榜样。事实上,做到"曲突徙薪"并不是很难。很多时候,它只需要我们多一些敬畏、少一点轻视,多一些忧患、少一点慵懒,多一些坚持、少一点放弃,多一曲"较真"、少一点懈怠……难的是让"曲突徙薪"成为规则、融入意识、化为自觉、养成习惯,为每一位员工每一位领导都奉为圭臬,真正贯彻到安全工作的方方面面,防患于未然就完全可以做到,杜绝事故也就成为可能。

4.

加强防范意识，危险时时想胜过天天讲

加强预防措施，防患于未然，是我们避免灾难的有效方法。所以在平时的工作中，我们每一个人都要有一个保障安全、防范危险的意识，时时刻刻想到危险，想到后果，想到可能发生的一切之后，是怎样的结局。这种事故防范意识正是我们防范事故、杜绝事故的最大的力量源头。

某年，某工程勘察工地正在勘查，在施工过程中由于项目负责人安全意识淡薄，忽视了对钻机的例行检查，结果造成了一名员工受伤，财产也受到了损失，自己本人也受到了处理。

第二年，同样是一个项目负责人，在看到同一工地施工的外单位钻机发生事故后，联想本单位的钻机状况，果断停止施工，连夜对本单位钻机进行检查，结果发现了极其危险的安全隐患。他们对隐患及时进行了排除，避免了一次大的安全事故，不但使员工的生命健康获得了保障，保护了财产安全，还没影响到施工的进展，而且该项目负责人受到上级的通报表扬。

同是一个项目经理，安全意识的不同，收到了两种截然不同的效果。可见安全防范意识对于防范安全、杜绝事故意义巨大。

意识是人的一种潜在思维，是人对某种事物的认识态度。韦尔奇说："文化因素，这才是维持生产力增长的动力，也是没有极限的动力来源。"安全文化就是将企业的安全价值观、道德标准潜移默化的根植于员工心中，提升员工的安全意识。安全意识是安全文化建设的先导，只有全体员工都树立起安全意识，才会重视安全文化的建设，才会行为安全，才能保证安全制度和物态安全落到实处。

员工的安全意识，决定了工作过程的安全性。安全意识不强，就很可能出现各种性质的违章,而且一旦发生了危害,人身安全就会受到威胁,设备的安全运行就得不到保障。

> 2010 年 3 月 15 日 20 时 30 分左右,河南省郑州市新密市东兴煤业有限公司发生重大火灾事故,该矿井西大巷第一联络巷处电缆着火,火势迅速扩大,引燃巷道木支架及煤层,产生大量一氧化碳等有毒有害气体,并沿进风流进入采煤工作面,造成 25 人中毒窒息死亡。
>
> 当班人员要打通的巷道长 80 米,经过多天的作业,已经打了 50 米,再有 30 米远就打通了,可是悲剧就这样发生了,最终 25 人全部因呼吸大量有害气体窒息死亡。在煤矿安全生产事故中,瓦斯爆炸、透水等事故比较常见,而这次事故是由于电缆着火引起悲剧,实在让人难以置信。主要原因是矿主为了省钱,让那些老化的机器超期服役,带来了巨大的安全隐患,最终酿成悲剧。

这起事故的发生,就是矿主根本就没有把员工的安危当做一件大事,而是随意敷衍,没有一种安全防范意识,而员工们对矿主不负责任的行为也没有引起足够的警惕,最终 25 条鲜活的生命,连同其身后的数十个家庭被摧残。这样的事故惨剧怎么不令人心痛?

安全生产要实现可控、在控、能控,安全事故要全面杜绝,首要的是职工的思想、行为要实现可控、在控、能控。机器设备、安全设施只要投入足够的资金,通过技术改造,提高自动化水平,就能达到可控、能控。而人是活的因素,人的可变性、差异性太强,实现意识、行为的他控是非常困难的。我们通过很多安全事故可以看出,虽然也有的事故是由于设备安全性能差、技术水平不高造成的,但这只是极少数的个案,而绝大多数并不都是技术技能问题,领导的安全意识、员工的安全意识占了很大比例。一些事故的发生,并不是职工不知道要按照操作规程去做,也并不是技术能力和水平不够,而是在那一关键的时刻,他缺少安全意识,没能预见到所能发生的后果,自我失去了在控。

如同司机在路上开车一样,幼儿园的小孩子都能对"红灯停、绿灯行、黄灯等一等"背得滚瓜烂熟，司机更是烂熟于心。但有些司机却在明知闯"红灯"是违规的情况下，依然自觉或不自觉的撞过去，忽视了潜在的安全危险，这都是安全意识不强的表现。如果司机能时时刻刻想到这种行为的危险后果，估计比领导或是交警天天对着讲更有作用。

所以，培养和树立员工的安全意识，对于杜绝违规行为、促进员工遵章守纪、防范安全事故的发生，意义重大。对于绝大多数的员工来说，对安全生产有足够的重视，就会全身心地投入到安全文化建设中，就能够时刻把安全生产牢记在心，能够自觉遵守规章制度，自觉落实完善安全措施，以自己的实际行动保障生产安全。

百治不如一防，消除事故关键在于预防，临渴掘井、江心补漏，这些都为时晚矣。我们要把事故的防范放在平时，不仅企业要天天讲，更需要员工时时想，真正从思想上做到防患于未然，才能真正有效预防事故的发生，保证我们的安全。

5.

机械事故预防要点

机械事故，一般是指与机械相关的安全伤害事故，而并非机械本身的运转事故。包括指机械设备运动(静止)部件、工具、加工件直接与人体接触引起的夹击、碰撞、剪切、卷入、绞、碾、割、刺等形式的伤害事故。各类转动机械的外露传动部分(如齿轮、轴、履带等)和往复运动部分都有可能对人体造成机械伤害。同时机械伤害也是众多生产性企业中最为常见的伤害事故之一，因而需要我们特别注意。易造成机械伤害的机械、设备包括：运输机械，掘进机械，装载机械，钻探机械，破碎设备，通风、排水设备，选矿设备等其他转动及传动设备。

　　2007年2月8日20点30分,轧钢厂生产作业区精整丙班赵某班组在生产过程中发生乱钢,需要进行处理。此时冷床看护工许某和冷剪操作工李某在4#冷剪负责看护,看到冷剪突然停车,操作工李某对冷床看护工许某说:"正好去处理夹在冷剪中的切头,以免正常过钢时将钢头顶弯,造成不合格产品。你去告诉于某等会再切"。随后许某进到CS3控制室通知于某。之后许某从屋内出来,看见李某已进到冷剪下面,许某急忙递给李某割枪,并将氧气、乙炔带顺好,同时许某在上面进行监护。李某在4#冷剪下将切头切断一段后,发现还剩一段想继续割,许某看到后说:"不影响赶紧上来",说话当中许某发现螺纹钢从辊道运行过来,急忙朝操作室边打手势边喊"停车、停车",但已经晚了,李某被挤到4#冷剪南侧配重铁处。事故发生后,救护人员将李某救出送往医院经医院抢救无效,21点05分李某死亡。

　　2008年2月2日,某公司粗加工车间工人甲将一块40×700×800毫米(重约180公斤)的钢板用磁吸翻转过来,在其翻转的过程中钢板掉下来,砸在工作台面边沿,后又从台面上掉落,砸在了甲的脚上。造成甲1、2、3跖骨骨折,损失工作日约为185天,直接经济损失3万元。

　　机械伤害事故是常见的安全生产事故之一,而且由于机械设备的操作和运行需要一定的专业知识和技能,因而对于员工的安全技术要求更高。具体分析,机械事故发生的原因主要有两点:人的不安全行为和设备的不安全状态。

(一)人的不安全行为

(1)操作失误导致事故

主要原因有:

①机械产生的噪声使操作者的知觉和听觉麻痹,导致不易判断或判断错误;

②依据错误或不完整的信息操纵或控制机械造成失误;

③机械的显示器、指示信号等显示失误使操作者误操作;

④控制与操纵系统的识别性、标准化不良而使操作者产生操作失误；

⑤时间紧迫致使没有充分考虑而处理问题；

⑥缺乏对机械危险性的认识而产生操作失误；

⑦技术不熟练，操作方法不当；

⑧准备不充分，安排不周密，因仓促而导致操作失误；

⑨作业程序不当，监督检查不够，违章作业；

⑩人为的使机器处于不安全状态，如取下安全罩、切除连锁装置等。走捷径、图方便、忽略安全程序。如不盘车、不置换分析等。

(2)误入危险区域导致事故

主要原因主要有：

①操作机器的变化，如改变操作条件或改进安全装置时；

②图省事、走捷径的心理，对熟悉的机器，会有意省掉某些程序而误入危区；

③条件反射下忘记危险区；

④单调的操作使操作者疲劳而误入危险区；

⑤由于身体或环境影响造成视觉或听觉失误而误入危险区；

⑥错误的思维和记忆，尤其是对机器及操作不熟悉的新工人容易误入危险区；

⑦指挥者错误指挥，操作者未能抵制而误入危险区；

⑧信息沟通不良而误入危险区；

⑨异常状态及其他条件下的失误。

(二)机械的不安全状态

机械的不安全状态，如机器的安全防护设施不完善，通风、防毒、防尘、照明、防震、防噪声以及气象条件等安全卫生设施缺乏等均能诱发事故。机械所造成的伤害事故的危险源常常存在于下列部位：

①旋转的机件具有将人体或物体从外部卷入的危险；机床的卡盘、钻头、铣刀等、传动部件和旋转轴的突出部分有钩挂衣袖、裤腿、长发等而将人卷入的危险；风翅、叶轮有绞碾的危险；相对接触而旋转的滚筒有使人被卷入的危险。

②作直线往复运动的部位存在着撞伤和挤伤的危险。冲压、剪切、锻压等机械的模具、锤头、刀口等部位存在着撞压、剪切的危险。

③机械的摇摆部位又存在着撞击的危险。

④机械的控制点、操纵点、检查点、取样点、送料过程等也都存在着不同的潜在危险因素。

要预防和控制机械事故,防范机械伤害事故的发生,应从以下几方面入手:

①检查机械设备是否按有关安全要求,装设了合理、可靠又不影响操作的安全装置。

②检查零部件是否有磨损严重、报废和安装松动等迹象,发现后应及时更换、修理,防止设备带病运行。

③检查电线是否破损,设备的接零或接地等设施是否齐全、可靠。

④检查电气设备是否有带电部分外露现象,发现后应及时采取防护措施。

⑤检查重要的手柄的定位及锁紧装置是否可靠,发现问题及时修理。

⑥检查脚踏开关是否有防护罩或藏入机身的凹入部分内,如果没有,应改正以后才能操作。

⑦操作人员在操作时应按规定,穿戴劳动防护用品,机加工严禁戴手套操作,留长发人员应戴工作帽,且长发不得露出帽外。

⑧操作设备前应先空车运转,确认正常后再投入运行。

⑨刀具、工夹具以及工件都要装卡牢固,不得松动。

⑩不得随意拆除机械设备的安全装置。

⑪机械设备在运转时,严禁用手调整、测量工件或进行润滑、清扫杂物等。

⑫机械设备运转时,操作者不得离开工作岗位。

⑬工作结束后,应关闭开关,把刀具和工件从工作位置退出,并清理好工作场地,将零件、工具夹等摆放整齐,保持好机械设备的清洁卫生。

⑭做好设备保养。应在规定日期内进行维护、保养和修理,防止机器过度磨损或意外损坏引起事故。对机器设备的保养包括检查、调整、润滑、紧固、清洗等工作。

6.

触电事故预防要点

触电事故和其他事故比较，其特点是事故的预兆性不直观、不明显，而事故的危害性非常大。当流经人体电流小于 10mA 时，人体不会产生危险的病理生理效应，但当流经人体电流大于 10mA 时，人体将会产生危险的病理生理效应，并随着电流的增大、时间的增长将会产生心室纤维性颤动，乃至人体窒息（"假死"状态），在瞬间或在三分钟内就夺去人的生命。因此，在保护设施不完备的情况下，人体触电伤害事故是极易发生的。所以，施工中必须做好预防工作，发生触电事故时要正确处理，抢救伤者。

2010 年 8 月 8 日，某建筑公司电焊工张某在施工现场焊接管道时，由于地面潮湿（管道为跨海输水管）手触及焊把的裸露部分，二次电压通过张某的身体形成回路，造成张某触电，因当时旁边没有他人，抢救不及时，被发现时张某已经身亡。

事后发现张某使用的电焊机开关箱的漏电保护器符合要求。但安装了漏电保护器的电焊机为什么还会发生触电事故？要了解事故原因，还必须从整个电焊机系统的工作原理说起。

电焊机的实质，是一台电磁感应的变压器。由于电弧焊是基于电弧产生的高温来熔化金属而达到焊接的目的。因此首先要引弧。引弧的开始阶段，由于焊条和焊件的空气间隙不足够热，要求有较高的引弧电压（通常 70V—90V）促使空气电离，此引弧电压达不到安全电压（36V）的要求，操作者一旦触及时将会发生触电事故。

触电事故的防范要注意以下方面：

(一)防止触电伤害的基本安全要求

根据安全用电"装得安全,拆得彻底,用得正确,修得及时"的基本要求,为防止发生触电事故,在日常施工(生产)用电中要严格执行有关用电的安全要求。

(1)用电应制定独立的施工组织设计,并经企业技术负责人审批,盖有企业的法人公章。必须按施工组织设计进行敷设,竣工后验收手续。

(2)一切线路敷设必须按技术规程进行,按规范保持安全距离,距离不足时,应采取有效措施进行隔离防护。

(3)非电工严禁接拆电气线路、插头、插座、电气设备、电灯等。

(4)根据不同的环境,正确选用相应额定值的安全电压作为供电电压。安全电压必须由双绕组变压器降压获得。

(5)带电体之间、带电体与地面之间、带电体与其他设施之间、工作人员与带电体之间必须保持足够的安全距离,距离不足时,应采取有效的措施进行隔离防护。

(6)在有触电危险的处所或容易产生误判断、误操作的地方,以及存在不安全因素的现场,设置醒目的文字或图形标志,提醒人们识别、警惕危险因素。

(7)采取适当的绝缘防护措施将带电导体封护或隔离起来,使电气设备及线路能正常工作,防止人身触电。

(8)采用适当的保护接地措施,将电气装置中平时不带电,但可能因绝缘损坏而带上危险的对地电压的外露导电部分(设备的金属外壳或金属结构)与大地作电气连接,减轻触电的危险。

(二)发生触电事故的应急措施

(1)触电急救的要点是动作迅速,救护得法,切不可惊慌失措,束手无策。要贯彻"迅速、就地、正确、坚持"的触电急救八字方针。发现有人触电,首先要尽快使触电者脱离电源,然后根据触电者的具体症状进行对症施救。

(2)脱离电源的基本方法有:

①将出事附近电源开关闸刀拉掉,或将电源插头拔掉,以切断电源。

②用干燥的绝缘木棒、竹竿、布带等物将电源线从触电者身上拨离或者将触电者拨离电源。

③必要时可用绝缘工具(如带有绝缘柄的电工钳、木柄斧头以及锄头)切断电源线。

④救护人可戴上手套或在手上包缠干燥的衣服、围巾、帽子等绝缘物品拖拽触电者，使之脱离电源。如果触电者由于痉挛，手指导线缠绕在身上，救护人先用干燥的木板塞进触电者身下使其与地绝缘来隔断入地电流，然后再采取其他办法把电源切断。

⑤如果触电者触及断落在地上的带电高压导线，且尚未确证线路无电之前，救护人员不得进入断落地点 8～10 米的范围内，以防止跨步电压触电。进入该范围的救护人员应穿上绝缘靴或临时双脚并拢跳跃地接近触电者。触电者脱离带电导线后，应迅速将其带至 8～10 米以外立即开始触电急救。只有在确证线路已经无电，才可在触电者离开触电导线后就地急救。

(3)使触电者脱离电源时应注意的事项：

未采取绝缘措施前，救护人不得直接触及触电者的皮肤和潮湿的衣服。

严禁救护人直接用手推、拉和触摸触电者，救护人不得采用金属或其他绝缘性能差的物体(如潮湿木棒、布带等)作为救护工具。

在拉拽触电者脱离电源的过程中，救护人宜用单手操作，这样对救护人比较安全。

当触电者位于高位时，应采取措施预防触电者在脱离电源后，坠地摔伤或摔死(电击二次伤害)。

夜间发生触电事故时，应考虑切断电源后的临时照明问题，以利救护。

(4)触电者未失去知觉的救护措施：

应让触电者在比较干燥、通风暖和的地方静卧休息，并派人严密观察，同时请医生前来或送往医院诊治。

(5)触电者已失去知觉但尚有心跳和呼吸的抢救措施：

应使其舒适地平卧着，解开衣服以利呼吸，四周不要围人，保持空气流通，冷天应注意保暖，同时立即请医生前来或送医院诊治。若发现触电者呼吸困难或心跳失常，应立即施工呼吸及胸外心脏按压。

(6)对"假死"者的急救措施：

　　当判断触电者呼吸和心跳停止时,应立即按心肺复苏法抢救。方法如下:

　　①通畅气道。第一,清除口中异物。使触电者仰面躺在平硬的地方迅速解开其领扣、围巾、紧身衣和裤带。如发现触电者口内有食物、假牙、血块等异物,可将其身体及头部同时侧转,迅速用一只手指或两只手指交叉从口角处插入,从口中取出异物,操作中要注意防止将异物推到咽喉深处。第二,采用仰头抬颏法畅通气道。操作时,救护人用一只手放在触电者前额,另一只手的手指将其颏颌骨向上抬起,两手协同将头部推向后仰,舌根自然随之抬起、气道即可畅通。为使触电者头部后仰,可于其颈部下方垫适量厚度的物品,但严禁用枕头或其他物品垫在触电者头下。

　　②口对口(鼻)人工呼吸。使病人仰卧,松解衣扣和腰带,清除伤者口腔内痰液、呕吐物、血块、泥土等,保持呼吸道畅通。救护人员一手将伤者下颌托起,使其头尽量后仰,另一只手捏住伤者的鼻孔,深吸一口气,对住伤者的口用力吹气,然后立即离开伤口,同时松开捏鼻孔的手。吹气力量要适中,次数以每分钟 16～18 次为宜。

　　③胸外心脏按压:将伤者仰卧在地上或硬板床上,救护人员跪或站于伤者一侧,面对伤者,将右手掌置于伤者胸骨下段及剑突部,左手置于右手之上,以上身的重量用力把胸骨下段向后压向脊柱,随后将手腕放松,每分钟挤压 60～80 次。在进行胸外心脏按压时,宜将伤者头放低以利静脉血回流。若伤者同时伴有呼吸停止,在进行胸外心脏按压时,还应进行人工呼吸。一般做四次胸外心脏按压,做一次人工呼吸。

7.

物体打击事故预防要点

　　物体打击伤害往往表现为飞出或弹出的物体如工具、工件、零件等等对人员造成的伤害。

> 2008 年 7 月 31 日轧钢厂丁班在接班后，液压班长伍某根据点检的要求，派陈某、白某、张某三人更换打包机的成型器液压缸，陈某、白某去准备工具，张某去取液压缸，此时精整 A 区正常进行打包。8 点 09 分，张某在取回液压缸后准备从 4 号位打包位置穿过。当 4 号位打包工曹某看见他正要穿过打包位置时，急忙摆手示意不要过来，但张某还是继续穿行。这时一捆钢筋送了过来正好撞在张某的左后背上，人被钢筋挑起后头部撞在支架护板上。事故发生后，伤者立即被送往医院，经医院抢救无效于 8 点 45 分死亡。

物体打击事故一般后果都非常严重，因而需要我们特别注意防范。物体打击事故多发生在以下情形中。

(一)交叉作业

要注意避让。施工现场常会有上下立体交叉的作业，因此，凡在不同层次中，处于空间贯通状态下同时进行的高处作业，属于交叉作业。进行交叉作业时，必须遵守下列安全规定：

(1)支模、砌墙、粉刷等各工种，在交叉作业中，不得在同一垂直方向上下同时操作。下层作业的位置必须处于依上层高度确定的可能坠落范围半径之外。不符合此条件，中间应设安全防护层。

(2)拆除脚手架与模板时，下方不得有其他操作人员。

(3)拆下的模板，脚手架等部件，临时堆放处离楼层边缘应不小于 1 米。堆放高度不得超过 1 米。楼梯口、通道口、脚手架边缘等处，严禁堆放卸下物件。

(4)结构施工至二层起，凡人员进出的通道口(包括井架、施工电梯的进出口)均应搭设安全防护棚。高层建筑高度超过 24 米的层次上交叉作业，应设双层防护设施。

(5)由于上方施工可能坠落物体，以及处于起重机把杆回转范围之内的通道，其受影响的范围内，必须搭设顶部能防止穿透的双层防护廊或防护棚。

（6）钢模板、脚手架等拆除时，下方不得有其他人员操作，并应设专人监护。

（二）不戴安全帽不得进入施工现场

进入施工现场必须戴好安全帽。员工所佩戴的安全帽主要是为了保护头部不受到伤害。它可以在以下几种情况下保护人的头部不受伤害或降低头部伤害的程度。

（1）飞来或坠落下来的物体击向头部时。

（2）当作业人员从2米及以上的高处坠落下来时。

（3）当头部有可能触电时。

（4）在低矮的部位行走或作业，头部有可能碰撞到尖锐、坚硬的物体时。

安全帽的佩戴要符合标准，使用要符合规定。如果佩戴和使用不正确，就起不到充分的防护作用。一般应注意下列事项：

（1）戴安全帽前应将帽后调整带按自己头型调整到适合的位置，然后将帽内弹性带系牢。缓冲衬垫的松紧由带子调节，人的头顶和帽体内顶部的空间垂直距离一般在25～50毫米之间，至少不要小于32毫米为好。这样才能保证当遭受到冲击时，帽体有足够的空间可供缓冲，平时也有利于头和帽体间的通风。

（2）不要把安全帽歪戴，也不要把帽檐戴在脑后方。否则，会降低安全帽对于冲击的防护作用。

（3）安全帽的下颌带必须扣在颌下，并系牢，松紧要适度。这样不至于被大风吹掉，或者是被其他障碍物碰掉，或者由于头的前后摆动，使安全帽脱落。

（4）安全帽体顶部除了在帽体内部安装了帽衬外，有的还开了小孔通风。但在使用时不要为了透气而随便再行开孔，以免帽体的强度降低。

（5）由于安全帽在使用过程中会逐渐损坏，所以要定期检查，检查有没有龟裂、下凹、裂痕和磨损等情况，发现异常现象要立即更换，不准再继续使用。任何受过重击、有裂痕的安全帽，不论有无损坏现象，均应报废。

（6）严禁使用只有下颌带与帽壳连接的安全帽，也就是帽内无缓冲层的安全帽。

（7）施工人员在现场作业中，不得将安全帽脱下，搁置一旁，或当坐垫使用。

(8)由于安全帽大部分是使用高密度低压聚乙烯塑料制成,具有硬化和变蜕的性质。所以不易长时间在阳光下曝晒。

(9)新领的安全帽,首先检查是否有劳动部门允许生产的证明及产品合格证,再看是否破损、薄厚不均,缓冲层及调整带和弹性带是否齐全有效。不符合规定要求的立即调换。

(10)在现场室内作业也要戴安全帽,特别是在室内带电作业时,更要认真戴好安全帽,因为安全帽不但可以防碰撞,而且还能起到绝缘作用。

(11)平时使用安全帽时应保持整洁,不能接触火源,不要任意涂刷油漆,不准当凳子坐,防止丢失。如果丢失或损坏,必须立即补发或更换。无安全帽一律不准进入施工现场。

(三)施工现场严禁丢落任何东西,即使是小东西,也别往下扔

在建筑施工现场,常会发生坠物打击事故。为了防止这类事故的发生,应注意以下几点:

(1)所有现场作业人员都必须戴好安全帽。

(2)在脚手架及作业平台放置东西时,必须将其固定。

(3)不要将工具、部件等进行投上、投下的传递。

(4)在上下立体交叉作业时,应设置安全防护层,下方应尽量停止作业。

(5)将高处作业用的材料绑紧、扎牢后进行悬吊。

(6)对高处放置的物品进行经常性的整理和整顿。

8.

起重伤害事故预防要点

起重伤害事故一般有挤压、高处坠落、重物坠落、倒塌、折断、倾覆、触电、撞击事故等。每一种事故都与其环境有关,有人为造成的,也有因设备缺陷造成的,或人和设备双重因素造成的。

　　起重伤害事故也是经常发生的事故,特别是龙门吊,更是会发生群死群伤的事件,因而需要引起特别注意。

　　2002 年 7 月,某桥梁工地材料仓库利用一电动单梁悬挂起重机在吊运钢板作业时,由于起重机操作者站位不当加上误操作,操作者被挤压在钢板垛之间受重伤而死亡。

　　事故现场为一材料仓库,发生伤人事故的部位是钢板垛之间,钢板垛之间距离较狭窄,吊载运行通道不畅。仓库光线较暗,起重机操作者受挤压重伤,经抢救无效而死亡。

　　从事起重运输的起重设备是一台地面跟随式操纵的电动单梁悬挂起重机,其起重量 G＝5000 公斤、跨度 S＝10.5 米、起升高度 H＝6 米、起重机运行速度 Vk＝45 米/分钟。

　　当天的作业内容为从仓库内向外运输钢板,仓库内贮存待运的钢板每张长 6 米、宽 1.6 米、重 450 公斤。每 10 张钢板为一组,每组间均匀地垫放 3 根方木,每垛钢板高约 2 米左右,每垛钢板之间间距大约 0.4 米左右。

　　正常情况下担任钢板吊运装卸车任务由一名专业吊装司索人员甲担任,当临近下班之前,一辆卡车开进仓库停靠在最外边的一垛钢板旁边,此钢板垛已运走一半之多,约有 0.9 米之高。由于甲当时脱岗不在现场,便临时由一位仓库管理人员乙替代甲吊运钢板装车,乙虽会操作起重机运转但不甚熟练。由于卡车停靠钢板垛太近,乙选择了站在两个钢板垛之间(约 0.4 米间距)吊装钢板,用钢板专用吊具装好一组重 4.5 吨的钢板组,乙按动手门起升按钮使吊载起升距地面 1.5 米高左右,乙应该按动向卡车方向移动的手电门按钮,不料按动了向卡车相反方向移动的按钮,结果吊载 4.5 吨重的钢板组以 45 米/分钟速度向操作者乙冲来,由于乙站在钢板垛的狭缝中躲闪不及,当时被挤压在吊载与钢板垛之间,经抢救无效而身亡。

起重伤害事故一般有三种:挤压事故、作业人员坠落事故、吊具或吊物坠落伤害事故。对于不同的事故,也需要有不同的预防措施:

(一)起重机挤压事故的预防

起重机挤压事故的发生及预防有以下三种情况:

第一种情况,起重机机体与固定物、建筑物之间的挤压。这种事故多是发生在运行起重机或旋转起重机与周围固定物之间。如桥式起重机的端梁与周围建筑物的立柱、墙之间,塔式起重机、流动式起重机旋转时其尾部与其他设施之间发生的挤压事故。事故多数由于空间较小,被害者位于司机视野的死角,或是司机缺乏观察而造成的。因此,在起重机与固定物之间要有适当的距离,至少要有 0.5 米间距,作业时禁止有人通过。

第二种情况,吊具、吊装重物与周围固定物、建筑物之间的挤压。对此,首先应合理布置场地、堆放重物。货物的堆放应有适当间隙,巨大构件和容易滚动及翻倒的货物要码放合理,便于搬运。其次,应选择适合所吊货物的吊具和索具,合理地捆绑与吊挂,避免在空中旋转或脱落。禁止直接用手拖拉旋转的重物,信号指挥人员要按原定的吊装方案指挥。

第三种情况,起重机、升降机自身结构之间的挤压事故。如检查维修人员在汽车起重机转台与其他构件之间发生的挤压事故。物料升降机中以建筑升降机问题较多,主要是防护装置不全,如无上升限位器,无防护栏杆或无防护门等。防护措施是:

操纵卷扬机的位置要得当;没有封闭的吊笼,其通道应该封闭,不准过人;通道入口应设防护栏杆;检修接近极限装置时,要注意防止撞头;底坑工作时,要注意桥箱和配重落下,避免事故发生。

(二)起重作业高处坠落事故预防

起重机的操纵、检查、维修工作多是高处作业。梯子、栏杆、平台是起重机上的工作装置和安全防护设施。在上述操作地点,都必须按规定装设护圈、栏杆的平台,防止人员坠落;桥箱、吊笼运行时,要注意不准超载;制动器和承重构件,必须符合安全要求;防坠落装置必须可靠;电器设备要有保险装置,并要定期检查,防止事故。

(三)起重机械吊具或吊物坠落事故的预防

吊物或吊具坠落是起重伤害中数量较多的一种。这类事故的发生,主要是由于绑挂方法不当,司机操作不良,吊具、索具选择不当,起升、超

载限制器失灵等原因而造成的。因此,必须加强预防措施:

首先,提升高度限位器要保证有效,司机在作业前要检查提升高度限位器是否有效,失效时应不准启动;

其次,要注意检查吊钩,是否有磨损或有无裂纹变形,该报废的不准使用;

第三,要检查钢丝绳的状况,每班操作前都必须将钢丝绳从头到尾的细致检查一遍,是否有磨损、断丝、断脱,有无显著变形、扭结、弯折等,不符合的要及时更换。

此外,还要注意从以下方面来预防:

(1)起重作业人员须经有资格的培训单位培训并考试合格,才能持证上岗。

(2)起重作业人员在操作前应检查起重机械的安全装置,如起重量限制器、行程限制器、过卷扬限制器、电气防护性接零装置、端部止挡、缓冲器、连锁装置、夹轨钳、信号装置等是否齐全可靠,否则不准进行操作。

(3)平时应严格检验和修理起重机机件,如钢丝绳、链条、吊钩、吊环和滚筒等,发现报废的应立即更换。

(4)建立健全维护保养、定期检验、交接班制度和安全操作规程。

(5)起重机运行时,任何人不准上下;也不能在运行中检修;上下吊车要走专用梯子。

(6)起重机的悬臂能够伸到的区域不得站人;电磁起重机的工作范围内不得有人。

(7)吊运物品时,吊物不得从人头上过;吊物上不准站人;不能对吊挂着的东西进行加工。

(8)起吊的东西不能在空中长时间停留,特殊情况下应采取安全保护措施。

(9)起重机驾驶人员接班时,应对制动器、吊钩、钢丝绳和安全装置进行检查,发现性能不正常时,应在操作前将故障排除。

(10)开车前必须先打铃或报警,操作中接近人时,也应给予持续铃声或报警。按指挥信号操作,对紧急停车信号,不论任何人发出,都应立即执行。

(11)确认起重机上无人时,才能闭合主电源进行操作。

(12)工作中突然断电时，应将所有控制器手柄扳回零位；重新工作前，应检查起重机是否工作正常。

(13)在轨道上露天作业的起重机，当工作结束时，应将起重机锚定住；当风力大于6级时，一般应停止工作，并将起重机锚定住；对于门座起重机等在沿海工作的起重机，当风力大于7级时，应停止工作，并将起重机锚定好。

(14)当司机维护保养时，应切断主电源，并挂上标志牌或加锁。如有未消除的故障，应通知接班的司棚。

9.

车辆运输事故预防要点

据国家有关部分对全国工矿企业伤亡事故的统计表明，发生死亡事故最多的是厂内交通运输事故，约占全部工伤事故的25%。因此，车辆运输事故预防的重要性是不容忽视的，决不能掉以轻心。

厂内运输车辆虽然只是在厂院内运输作业，但是如果对安全驾驶的重要性认识不足、思想麻痹，违章驾驶以及车辆带病运行，就容易造成车辆伤害事故。

2012年7月，国家安全监管总局和国家煤矿安监局通报发生在内蒙古和甘肃的三起运输事故，事故共造成33人死亡、12人受伤。

2011年6月25日，内蒙古胜利东二号露天煤矿发生一起运输车辆碰撞事故，造成3名司机死亡。

2011年6月17日，内蒙古北联电能源开发有限责任公司吴四圪堵煤矿发生运输事故，造成6人死亡、8人受伤，直接经济损失约 932 万元。

2011 年 10 月 29 日,在甘肃定西兰渝铁路黑山隧道内,施工单位一作业班组租用一辆个人所有的轻型货车运送 28 名作业人员上班,在行至吕家滩斜井 500 米处时,车辆制动突然失灵,持续下滑 800 多米冲出斜井,撞向隧道边墙后侧翻,造成 24 人死亡、4 人受伤,直接经济损失 2133.99 万元。

通报指出,这样的教训十分深刻。要切实加强矿山和井下作业场所胶轮车安全管理和安全隐患排查治理,纠正违规违章行为,防范和遏制同类事故发生。

厂内车辆伤害事故可分为碰撞、碾轧、乱擦、翻身、坠车、爆炸、失火、出轨和搬运装卸中的坠落及物体打击等。造成车辆伤害事故的原因主要有:

(1)违章驾车。事故的当事人,由于思想等方面的原因,不按有关规定行驶,扰乱正常的厂内搬运秩序,致使事故发生,如酒后驾车、疲劳驾车、非驾驶员驾车、超速行驶、争道抢行、违章超会车、违章装载等。

(2)疏忽大意。当事人由于心理或生理方面的原因,没有及时、正确地观察和判断道路情况而造成失误,如情绪急躁等原因引起操作失误而导致事故。

(3)车况不良。车辆的安全装置等部件失灵或不齐全,带"病"行使。

(4)道路环境差。厂区内的道路因狭窄、曲折、物品占道或天气恶劣等原因使驾驶员操作困难,导致事故增加。

(5)管理不严。由于车辆安全行使制度没有落实、管理规章制度或操作规程不健全、交通信号、标志、设施缺陷等管理方面的原因导致事故发生。

顶防车辆伤害事故要注意以下方面:

(1)车辆驾驶人员必须经有资格的培训单位培训并考试合格后方可持证上岗。

(2)人员通过路口时,必须做到"一慢二看三通过",一定要先瞭望,在没有危险时才能通过。

(3)不可在铁路专用线上行走,更不可推车行走;严禁从列车下面通过。

(4)定期检查车辆的各种机构零件是否符合技术规范和安全要求，严禁带故障运行。

(5)汽车的行驶速度在出入厂区大门时，时速不得超过5公里；在厂区道路上行驶，时速不得超过20公里。

(6)装卸货物时不得超载、超高。

(7)装载货物的车辆，随车人员应坐在指定的安全地点，不得站在车门踏板上，也不得坐在车厢侧板上或坐在驾驶室顶上。

(8)电瓶车在进入厂房内，装载易燃易爆、有毒有害物品时严禁乘人。

(9)铲车在行驶时，无论空载还是重载，其车铲距地面不得小于300毫米，但也不得高于500毫米。

(10)严禁任何人站在车铲或车铲的货物上随车行驶，也不得站在铲车车门上随车行驶。

(11)严禁驾驶员酒后驾车、疲劳驾车、非驾驶员驾车、争道抢行等违章行为。

(12)在厂区内骑自行车时，严禁带人、双撒把或速度过快，更不得与机动车辆抢道争快；在厂房内严禁骑自行车。

10.

高处坠落事故预防要点

高处坠落事故，一般是指高处作业时发生的事故，但有时非高处作业也会发生。所谓高处作业，是指在距基准面2米以上(含2m)有可能坠落的高处进行作业。在此作业过程中因坠落而造成的伤亡事故，称之为高处坠落事故。这类事故各行业中均有发生，以矿山、起重、建筑安装企业居多，需要我们细加防范。

2009 年 1 月 6 日,陕西汉中钢铁集团有限公司与刘某签订 3 号高炉(2005 年建成投产并已连续运行三年多)中修工程施工合同和安全施工协议。工程主要内容是高炉停炉的扒除、炉内耐火材料的拆除、热风炉耐火球的拆选装、炉顶设备检修更换等。采用包工期、包质量、包安全、包费用的包干制形式,工程总费用 736 万元。后经查证,刘某所持的中国第二冶金建设有限责任公司的相关资质证照均为刘某从非正常渠道获得的彩色影印件;施工合同、安全协议及法人授权委托书所加盖的"中国第二冶金建设有限责任公司建设工程合同专用章"、"中国第二冶金建设有限责任公司"、"赵某某"等印鉴,与中国第二冶金建设有限责任公司提供的印模相比较也存在明显差异;二冶公司具函否认向任何人出具委托书承揽汉钢集团高炉检修工程。

7 日,刘某带领 27 名施工人员进驻汉钢集团。经过汉钢集团工程交底和安全交底,于 12 日正式开工,计划工期为 3 个月。

1 月 21 日 8 时许,负责施工现场管理的安某安排两个施工班组分别在炉顶内作业,拆除 3 号高炉炉顶大钟受料斗。16 时 20 分左右,工人相继将大钟南、北两边的焊接点切开,大钟突然坠落,造成东、西两侧两个悬吊大钟的手动葫芦导链挂钩断裂脱落,站在大钟上作业的蔡某等 4 人随大钟一起从距地面 27 米高程的炉顶坠落至地面约 7 米高程的高炉炉低。事故造成 3 人死亡,1 人重伤,直接经济损失 100 万元。

可见高处坠落事故也是后果极为严重的。高处坠落事故的事故类别大约为如下九种:

(1)洞口坠落(预留口、通道口、楼梯口、电梯口、阳台口坠落等);

(2)脚手架上坠落;

(3)悬空高处作业坠落;

(4)石棉瓦等轻型屋面坠落;

(5)拆除工程中发生的坠落;

(6)登高过程中坠落;

(7)梯子上作业坠落;

(8)屋面作业坠落;

(9)其他高处作业坠落(铁塔上、电杆上、设备上、构架上、树上以及其他各种物体上坠落等)。

高处坠落事故的原因很多,主要是以下几种:

(1)高处作业的安全基础不牢。其表现是:人不符合高处作业的安全要求,物未达到安全使用标准。如从事高处作业人员缺乏安全意识和安全技能,身体条件较差或有病;与高处作业相关的各种物体和安全防护设施有缺陷等。

(2)根本原因,是高处作业违背建筑规律的异常运动。其表现是:安全规章制度不健全、有章不循、违章指挥、违章作业,如从事高处作业人员的着装不符合安全要求,高处作业时没有安全措施冒险蛮干,违反劳动纪律酒后作业;安全防护设施不完备、不起作用,或擅自拆除、移动或在施工过程中损坏未及时修理等。

(3)间接原因,是高处作业的异常运动失去了控制。其表现是:由于安全管理不严,没有行之有效的安全制约手段,对人违章作业不符合安全要求的异常行为,对工具、设备等物质没有达到使用安全标准的异常状态,不能做到及时地发现和及时地改变。

(4)直接原因,是高处作业的异常运动发生了灾变。其表现是:由于人的异常行为、物的异常状态失去了控制,经过量变的异常积累,当人与物异常结合发生了灾变时,如人从洞口坠落、从脚手架坠落、从设备上坠落、从电杆上坠落等造成了人身伤害,从而构成了高处坠落事故。

除了这些原因外,不同类型的事故也有不同的原因。如洞口坠落事故的具体原因主要有:洞口作业不慎身体失去平衡;行动时误落入洞口;坐躺在洞口边缘休息失足;洞口没有安全防护;安全防护设施不牢固、损坏、未及时处理;没有醒目的警示标志等。

脚手架上坠落事故的具体原因主要有:脚踩探头板;走动时踩空、绊、滑、跌;操作时弯腰、转身不慎碰撞杆件等身体失去平衡;坐在栏杆或脚手架上休息、打闹;站在栏杆上操作;脚手板没铺满或铺设不平稳;没有绑扎防护栏杆或损坏;操作层下没有铺设安全防护层;脚手架超载断裂等。

悬空高处作业坠落事故的具体原因主要有:立足面狭小,作业用力过猛,身体失控,重心超出立足面;脚底打滑或不舒服,行动失控;没有系安全带或没有正确使用,或在走动时取下;安全带挂钩不牢固或没有牢固的挂钩地方等。

　　10月27日14时30分,抚顺电力安装公司送变电安装队在组立220kV平虎线8号铁塔时,二班作业人员在组立第五段的基础上,继续组立该塔。班长王XX分配了工作,口头上讲了安全注意事项。副班长张XX负责地面指挥和监护。铁塔组立完第六段后,开始升抱杆(11米长、100公斤重,铝合金材料)。这时,作业人员徐XX(男、41岁、八级送电工)上塔负责塔上指挥,塔上还有作业人员林XX、李XX两人。徐告诉林把升抱杆用的滑轮、钢丝套子拴在绳子上,由李拽上来。徐一看是3吨滑子,就说"不要这个,换一个1吨滑轮!"李把3吨滑子放下去,换了一个1吨滑轮,连同钢丝绳套一起递给了徐。徐没用钢丝套,而是将滑轮直接挂到塔的第六节上侧水平铁中线挂线板的内眼中,徐在塔上指挥升抱杆。地面用汽车绞盘牵引钢丝绳提升抱杆,当抱杆到位停止,由徐、李两人调整抱杆的方向和角度,徐脚踏着斜铁,两手调整抱杆,抱杆的四条临时拉线也随之调整。这时塔上提升滑车钩子突然折断,抱杆骤落,徐因腰上扎的安全带未系在牢固的构件上,失重,从32.4米高处坠落地面死亡。

　　屋面檐口坠落事故的具体原因主要有:屋面坡度大于25°,无防滑措施;在屋面上从事檐口作业不慎,身体失衡;檐口构件不牢或被踩断,人随着坠落等。

　　预防高处坠落事故要注意以下几点:

　　(1)熟悉高处作业的作业方法,掌握技术知识,执行安全操作规程。作业时要指定专人进行现场监护。

　　(2)禁止患有高血压、心脏病、癫痫病等禁忌病症的人员和孕妇从事高处作业。

　　(3)高处作业时要系好安全带,戴好安全帽,不准穿硬底鞋,以防滑倒导致坠落事故。

　　(4)作业前要检查护栏、架板是否牢固,有洞口的地方要盖好,在较危险的部位应在下方装设平网。

(5)做好楼梯口、电梯口、预留洞口和出入口的"四口"防护。

(6)在建筑施工中做好"五临边"的防护工作，"五临边"是指尚未安装栏杆的阳台周边、无外架防护的屋面周边、框架工程楼层周边、上下跑道、斜道、两侧边、卸料平台的外侧边等。

(7)在恶劣天气中(指六级以上强风、大雨、大雪、大雾)，禁止从事露天高处作业。

对于不同的高处作业，也需要有不同的预防措施：

(一)脚手架上坠落事故的预防要点

要按规定搭设脚手架、铺平脚手板，不准有探头板;防护栏杆要绑扎牢固，挂好安全网;脚手架载荷不得超过 270 公斤/平方米;脚手架离墙面过宽应加设安全防护;并要实行脚手架搭设验收和使用检查制度，发现问题及时处理。

(二)洞口坠落事故的预防要点

预防留口、通道口、楼梯口、电梯口、上料平台口等都必须设有牢固、有效的安全防护设施(盖板、围栏、安全网);洞口防护设施如有损坏必须及时修缮;洞口防护设施严禁擅自移位、拆除;在洞口旁操作要小心，不应背朝洞口作业;不要在洞口旁休息、打闹或跨越洞口及从洞口盖板上行走;同时洞口还必须挂设醒目的警示标志等。

(三)屋面檐口坠落事故的预防要点

在屋面上作业人员应穿软底防滑鞋;屋面坡度大于 $25°$ 应采取防滑措施;在屋面作业不能背向檐口移动;使用外脚步手架工程施工，外排立杆要高出檐口 1.2 米，并挂好安全网，檐口外架要铺满脚手板;没有使用外脚手架工程施工，应在屋檐下方设安全网。

(四)悬空高处作业坠落事故的预防要点

加强施工计划和各施工单位、各工种配合，尽量利用脚手架等安全设施，避免或减少悬空高处作业;操作人员要加倍小心避免用力过猛，身体失稳;悬空高处作业人员必须穿软底防滑鞋，同时要正确使用安全带;身体有病或疲劳过度、精神不振等不宜从事悬空高处作业。

11.

火灾事故预防要点

水火无情,火灾是各类事故中最容易造成重大人员和经济损失以及不可预计后果的事故。特别是安全生产中的火灾事故,往往带来巨大的财产损失,甚至有时是一把火烧就会烧毁一个企业。所以,安全防火,是安全生产的重中之重。

1989年8月12日9时55分,石油天然气总公司管道局胜利输油公司黄岛油库老罐区,2.3万立方米原油储量的5号混凝土油罐爆炸起火,大火前后共燃烧104小时,烧掉原油4万多立方米,占地250亩的老罐区和生产区的设施全部烧毁,这起事故造成直接经济损失3540万元。在灭火抢险中,10辆消防车被烧毁,19人牺牲,100多人受伤。其中公安消防人员牺牲14人,负伤85人。

某新建铁路双洞单线铁路隧道,设计多座斜井辅助施工,斜井到底后,向两侧双线施工。约至17:20,作业人员铺设完一段8米的两块防水板,将第三块防水板搬上台架顶层,王某上到台架第三层架子,用割枪切割挂电线的一根钢筋,其余人员陆续上到台架顶部进行挂防水板的准备工作。17:40左右,防水板刚顶起来准备铺设时,台架二层左侧部位着火并伴有烟雾和呛人气体,现场人员开始立即利用灭火器进行扑救,切断台架上的电源,并向洞外打电话报告。由于刚才割下的钢筋头引燃盲沟、防水板、台架脚手板等材料,火势发展很快,现场无法扑灭,同时引燃了380V主电线路,导致断电。18时左右,防水板掉下阻断道路,12名人员在将氧气、乙炔瓶转移到就近横通道内后撤离,前方32名作业人员被困。在地方救援队伍和项目部抢险队员共同努力下，经过三个多小时的奋力抢救，火险得以排除，并于22时40分将全部被困人员抢救出来。本次事故造成4人死亡，2人负伤。

......

像这样的火灾事故其实每天都在发生，每天都在给我们带来不小的损失。所以，防火工作是企业安全生产的一项重要内容，因为一旦发生火灾事故，往往造成巨大的财物损失或人员伤亡。

企业火灾事故有以下一些特点：

(1)爆炸性火灾多。爆炸引起火灾或火灾中产生爆炸是一些生产企业(例如石油、化工、矿山企业)的显著特点。这些企业生产中所采用的原料、生产的中间产品及最终产品多数具有易燃易爆的条件。这就会发生爆炸并导致火灾，火灾又能引起爆炸。

(2)大面积流淌性火灾。可燃、易燃液体具有良好的流动特性，当其从设备内泄露时，便会四处流淌，如果遇到明火，极易发生火灾事故。

(3)立体性火灾多。由于生产企业内存在的易燃易爆物质的流淌扩散性，生产设备密集布置的立体性和企业建筑的互相串通性，一旦初期火灾控制不利，就会使火势上下左右迅速扩展而形成立体火灾。

一般来说，火灾的火势发展速度很快，在一些生产和储存可燃物品集中的场所，起火以后燃烧强度大、火场温度高、辐射热强、可燃气体液体的扩散流淌性极强、建筑的互通性等诸多条件因素，使得火势蔓延速度较快。所以，很多时候，救火意义并不太大，要减少损失，预防火灾事故的发生，才是最有效的方法。

企业防火措施主要包括：

(1)易燃易爆场所如油库、气瓶站、煤气站和锅炉房等工厂要害部位严禁烟火，工厂不得随便进入。易燃易爆场所的操作人员必须穿戴好防静电服装鞋帽，严禁穿钉子鞋、化纤衣物进入，操作中严防铁器撞击地面。

(2)火灾爆炸危险较大的厂房内，应尽量避免明火及焊割作业，最好将检修的设备或管段拆卸到安全地点检修。当必须在原地检修时，必须按照动火的有关规定进行，必要时还需要请消防队进行现场监护。

(3)在积存有可燃气体或蒸汽的管沟、下水道、深坑、死角等处附近动火时,必须经处理和检验,确认无火灾危险时,方可按规定动火。

(4)道生炉、熬炼设备的操作,要坚守岗位,防止眼道窜火和熬锅破漏。同时熬炼设备必须设置在安全地点作业并有专人值守。

(5)火灾爆炸危险场所应禁止使用明火烘烤结冰管道设备,宜采用蒸汽、热水待化冰解堵。

(6)对于混合接触发生反应而导致自燃的物质,严禁混存混运;对于吸水易引起自燃或自然发热的物质应保持使用贮存环境干燥;对于容易在空气中剧烈氧化放热的自燃物质,应密闭储存或浸在相适应的中性液体(如水、煤油等)中储存,避免与空气接触。

(7)易燃易爆场所必须使用防爆型电器设备,还应做好电气设备的维护保养工作。对于有静电火花产生的火灾爆炸危险场所,提高环境湿度,可以有效减少静电的危害。

(8)可燃物的存放必须与高温器具、设备的表面保持有足够的防火间距,高温表面附近不宜堆放可燃物。

(9)每一个员工应掌握各种灭火器材的使用方法。不能用水扑灭碱金属、金属碳化物、氧化物火灾,因为这些物质遇水后会发生剧烈化学反应,并产生大量可燃气体、释放大量的热,使火灾进一步扩大。

(10)不能用水扑灭电气火灾,因为水可以导电,容易发生触电事故;也不能用水扑灭比水轻的油类火灾,因为油浮在水面上,反而容易使火势蔓延。

(11)钢铁水泄露发生火灾,不可用水扑灭,因为高温金属液遇水会发生爆炸。

对于不同性质的企业,火灾的类型也不相同,因而预防的措施也不一样。电力企业预防火灾要做到以下方面:

(一)做好电缆防火

(1)新、扩建工程中的电缆选择与敷设应按《火力发电厂与变电所设计防火规范》(GB50229 1996)和《火力发电厂设计技术规程》中的有关部分进行设计。严格按照设计要求完成各项电缆防火措施,并与主体工程同时投产。

(2)主厂房内架空电缆与热体管路应保持足够的距离,控制电缆不小于0.5m,动力电缆不小于1m。

(3)在密集敷设电缆的主控制室下电缆夹层和电缆沟内,不得布置热力管道、油气管以及其他可能引起着火的管道和设备。

(4)对于新建、扩建的火力发电机组主厂房、输煤、燃油及其他易燃易爆场所,宜选用阻燃电缆。

(5)严格按正确的设计图册施工,做到布线整齐,各类电缆按规定分层布置电缆的弯曲半径应符合要求,避免任意交叉并留出足够的人行通道。

(6)控制室、开关室、计算机室等通往电缆夹层、隧道、穿越楼板、墙壁、柜、盘等处的所有电缆孔洞和盘面之间的缝隙(含电缆穿墙套管与电缆之间缝隙),必须采用合格的不燃或阻燃材料封堵。

(7)扩建工程敷设电缆时,应加强与运行单位密切配合,对贯穿在役机组产生的电缆孔洞和损伤的阻火墙,应及时恢复封堵。

(8)电缆竖井和电缆沟应分段做防火隔离,对敷设在隧道和厂房内构架上的电缆要采取分段阻燃措施。

(9)靠近高温管道、阀门等热体的电缆应有隔热措施,靠近带油设备的电缆沟盖板应密封。

(10)应尽量减少电缆中间接头的数量。如需要,应按工艺要求制作安装电缆头,经质量验收合格后,再用耐火防爆槽盒将其封闭。

(11)建立健全电缆维护、检查及防火、报警等各项规章制度。坚持定期巡视检查,对电缆中间接头定期测温,按规定进行预防性试验。

(12)电缆沟应保持清洁,不积粉尘,不积水,安全电压的照明充足,禁止堆放杂物。锅炉、燃煤储运车间内架空电缆上的粉尘应定期清扫。

(二)矿井火灾预防措施

(1)矿成立防火组织机构。各科室、队有防火负责人及防火管理制度,并经常组织防火检查,发现问题及时解决。认真落实矿井防灭火制度和措施。

(2)选煤厂、车队、坑木场、库房,都必须有完善的防火制度,井下机电硐室、火药库、胶带输送机头等要害地点,都必须按规定备有足够的灭火器材。

(3)主要通风机反风设施及反风门,由机电科组织,保安区和运转队参加每季度进行检查,保证完好状态。

(4)加强机电运输和火工品管理,消灭电气设备失爆和火药残爆,防止外因火灾发生。

(5)各单位的厂房要安排专门的防火负责人,对防灭火设施要安排专人进行管理。

(6)武保科要加强地面消火设施的管理和检查,以保证应急救灾。

(7)有机电设备的单位要加强机电设备的完好检查,防止电气设备失爆。

(8)井口房、通风机房和瓦斯泵房附近20米内严禁堆放易燃物,严禁有烟火或用火炉取暖。井下严禁使用灯泡取暖。井下和井口房严禁采用可燃性材料搭设临时操作间、休息间。

(9)井下、井口房内、主要通风机房和瓦斯泵房附近20米内不得从事电焊、气焊和喷灯焊接等工作,如果必须在井下主要硐室、主要进风井巷、井口房内、通风机房和瓦斯泵房附近20米内进行电焊、气焊和喷灯焊接等工作,必须制定安全技术措施,报矿长审批后执行。

(10)井下使用的汽油、煤油和变压器油必须装入盖严的铁桶内,由专人押运送至使用地点,剩余的汽油、煤油、变压器油必须运回地面,严禁在井下存放。井下使用的润滑油、棉纱、布头和纸等,必须存放在盖严的铁桶内。用过的棉纱、布头和纸,也必须放在盖严的铁桶内,并由专人定期送到地面处理,不得乱扔乱放。严禁将剩油、废油泼洒在井巷和硐室内。井下清洗风动工具时,必须在专用硐室进行,并必须使用不燃性和无毒性洗涤剂。

(11)井下硐室和皮带输送机机头、机尾不准存放易燃物。必须按附件规定设置防火器材,明确防火负责人。

(12)健全防火管路系统,消防管路按规定设置三通和阀门,皮带输送机巷道消防管路管径不小于Φ50毫米,皮带头配备一根20米以上防火胶管。皮带输送机要设置过载、过热及防偏自动保护,各种保护装置要灵敏可靠。加强对皮带输送机司机等人员的管理,落实其责任,严禁脱岗,及时清理浮货,防止摩擦着火。

(13)井上、下必须设置消防器材库,储存的材料和工具应符合有关规定,并定期检查和更换。任何人不得随意动用消防器材库中的器材和工具。工作人员必须熟悉灭火器材的使用方法,并熟悉本职工作区域内灭火器材的存放地点。

(14)严格入井检身制度,严禁易燃品及火种带入井下,入井严禁穿化纤衣服。井口检身人员要认真履行自己的职责。

(15)每年要根据采场接续情况,编制年度的防止自然发火措施,由矿总工程师组织会审后贯彻实施。

(16)每个采掘工作面都要有防止煤层自然发火措施、防灭火设计,并纳入采掘作业规程。

(17)正确选择矿井的开拓方式,合理布置采区和工作面,加强顶板管理,提高回采率,加快回采速度(每月回采速度不小于 60 米)。采煤工作面要随时调整采高,防止丢煤造成自然发火。

(18)选择合理的通风方式,正确设置控制风流的设施,加强通风防火管理。矿井通风负压控制在 2940 帕以下。

(19)掌握自然发火预兆规律,确定自然发火标志性气体,并根据实际情况及时进行调整,进行发火预测预报,把自然发火消灭在萌芽阶段。

(20)采煤工作面的运回必须在终采线以外按设计要求位置用不燃性材料砌筑防火门墙,并储备足够数量的封闭防火门的材料,并按序号排好。采煤工作面回采结束后,必须在 45 天内(以不出煤之日起计算)进行永久性封闭。

(21)对中央注砂系统、W2 注砂系统、W3 注砂系统每月进行一次充填实验,充填管路每旬进行一次检查,并有记录可查。

(22)对煤层漏风通道,采用喷涂砂浆、注阻化剂、注白泥、煤体加固等防火技术进行处理。加强对采空区、密闭、采掘工作面的煤层防火检测分析,发现有自然发火预兆及时处理。

(23)废旧的溜煤眼和上风眼必须及时放空存货,用水泥砂浆、黄土等进行封堵,严禁用煤填堵。

(24)受自然发火威胁严重的煤和半煤岩巷道、硐室,当服务期超过煤层自然发火期时,必须使用不燃性材料对巷道进行全封闭。对巷道局部高顶和综采工作面运、回顺巷道顶板要设防火观察站,对有发火危险的地点要进行封堵处理,煤与半煤岩巷道用不燃性材料封闭的地点要留有防火观测孔。

(25)利用束管监测系统,加大对防火观测点的取样密度,加强防治自然发火预测预报工作。

12.

爆炸事故预防要点

工业爆炸事故危害性大,人员伤亡和经济损失重大,造成的社会影响比较大。而且因为爆炸事故的救援难度也很大,往往后果极为严重。爆炸事故往往不仅单纯地破坏工厂设施、设备或造成人员伤亡,还会由于各种原因,进一步引发火灾等。一般后者的损失是前者的 10~30 倍;而且在很多情况下,爆炸事故发生的时间都很短,所以几乎没有初期控制和疏散人员的机会,因而伤亡较多。

爆炸一般分为化学性和物理性爆炸两种类型。前者主要包括炸药、火药、可燃气体、蒸汽或粉尘等爆炸,后者主要包括锅炉、压力容器、钢铁水爆炸等。预防爆炸事故的措施主要以下几点:

(1)采取监测措施,当发现空气中的可燃气体、蒸汽或粉尘浓度达到危险值时,就应采取适当的安全防护措施。

(2)在有火灾、爆炸危险的车间内,应尽量避免焊接作业,进行焊接作业的地点必须要和易燃易爆的生产设备保持一定的安全距离。

(3)如需对生产、盛装易燃物种的设备和管道进行动火作业时,应严格执行隔绝、置换、清洗、动火分析等有关规定,确保动火作业的安全。

(4)在有火灾、爆炸危险的场合,汽车、拖拉机的排气管上要安火星熄火器;为防止烟囱飞火,炉膛内要燃烧充分,烟囱要有足够的高度。

(5)搬运盛有可燃气体或易燃液体的容器、气瓶时要轻拿轻放,严禁抛掷、防止相互撞击。

(6)进入易燃易爆车间应穿防静电的工作服、不准穿带钉子的鞋。

(7)对于物质本身具有自燃能力的油脂、遇空气能自燃的物质以及遇水能燃烧爆炸的物质,应采取隔绝空气、防水、防潮或采取通风、散热、降温等措施,以防止物质自燃和爆炸。

同时,对于一些特殊的工作场合,更应当特别注意防范爆炸事故的发生。如粉尘环境、矿山瓦斯环境等。

> 2011年5月20日,成都富士康产业基地发生爆炸,事故造成3人死亡,15人受伤。事故原因为抛光车间收尘风管可燃粉尘意外爆炸所致。
>
> 2010年2月24日,中国淀粉行业著名企业河北省秦皇岛骊骅淀粉股份有限公司淀粉4号车间发生爆炸事故,造成19人死亡,49人受伤,事故原因是车间粉尘爆炸所致。
>
> 2009年8月9日下午,浙江开化元通硅业有限公司新制粉车间发生硅粉粉尘爆炸,事故造成两名当班员工烧伤,其中一人烧伤面积达81%。
>
> 2008年1月13日凌晨,位于云南省昆明市海口镇的云天化国际化工股份有限公司三环分公司硫酸厂在装卸硫黄过程中发生爆炸,造成7人死亡,33人受伤。事故原因系硫黄装卸过程中产生的硫黄粉尘发生爆炸,并引起火灾所致。
>
> 2002年11月22日,广州禺桃山食品有限公司发生原料粉尘爆炸事故,造成6人死亡,12人被爆炸中的砖石砸伤。

上面的事例都是粉尘爆炸事故,可见,对于企业生产的粉尘来说,一不小心就会发生爆炸事故,因而需要特别注意。粉尘爆炸事故预防要注意以下几点:

从可燃粉尘爆炸反应历程可以看出,粉尘爆炸是可燃粉尘、助燃物(主要是空气中的氧气)、点火源三者互相作用的结果,三个条件缺一不可。因此控制粉尘爆炸产生的原理就是控制可燃粉尘、助燃物、点火源三者相互作用。

(一)控制可燃粉尘在助燃物中的浓度

控制可燃粉尘在助燃物中的浓度,在生产、加工、储存场所可以采用密闭性能良好的设备,尽量减少或避免粉尘飞散;对难以在密闭场所完成的作业,如有发生粉尘爆炸危险性,应安装有效的通风除尘设备,加强清扫工作,及时消除悬浮在空气中的可燃粉尘,降低了可燃粉尘在助燃物中的浓度,确保可燃粉尘不在爆炸浓度极限范围内,从根本上预防可燃粉尘爆炸事故的发生。如2008年1月13日,发生于昆明市海口镇的云天化国际化工股份有限公司三环分公司硫黄粉爆炸事故,事故调查专家组认为首先天气干燥、空气湿度低,装卸过程中容易产生粉尘飞扬;其次深夜静风时段,空气流动性低,造成局部空间内硫黄粉尘富积,达到爆炸极限范围,在外部能量的作用下,导致硫黄粉尘发生爆炸。

(二)控制作业场所空气相对湿度

提高作业场所的空气相对湿度,也是预防粉尘爆炸形成的有效举措。当空气相对湿度增加时,一方面可减小粉尘飞扬,降低粉尘的分散度,提高粉尘的沉降速度,避免粉尘达到爆炸浓度极限;同时空气相对湿度增高会消除部分静电,相当于消除了部分点火源,并且空气相对湿度的提高会导致可燃粉尘爆炸的最小点火能量相应提高;此外空气相对湿度增加后会占据一定空间,从而降低氧气浓度,降低了粉尘燃烧速度,抑制粉尘爆炸的发生。

(三)消除作业现场的点火源

作业现场常见的能引起粉尘爆炸的点火源有明火、焊接火弧、电气火花、吸烟、撞击明火、静电火花、高温设备等,对这些点火源,相关企业应采取相应处理措施,能消除的给予消除,确应生产作业需要。不能消除的应采取一定的保护措施,避免点火源与可燃粉尘、助燃气体相互作用形成爆炸。

煤矿和非煤矿山中,主要的爆炸事故是瓦斯爆炸事故,这也是最需要高度预防的。

　　2002年6月20日9时45分,鸡西矿业集团公司城子河煤矿西二采区发生一起特大瓦斯爆炸事故,造成124人死亡,24人受伤,直接损失984.8094万元。这起事故造成1名厅级领导、4名县团级干部殉职井下。
　　发生事故的巷道沿3B层全煤下山掘进、采用钻爆法施工,锚杆支护、巷道断面6.3平方米。年初掘进时,双局扇双风筒同时供风,供风量 360 立方米/分,巷道回风流 CH4 浓度为 0.9%,瓦斯绝对涌出量达 3.24 立方米/分。元月 2 号因一台局扇停风、工人误送电、电缆放炮曾发生一次瓦斯燃烧。一月末此巷封闭,5 月 24 日排瓦斯后巷道启封,准备回撤设备。6 月 16 日矿决定将此巷道改为新投产的 145 综采工作面的临时水仓。至 6 月 20 日发生事故时,巷道积水斜长 80 米,水面以上全煤巷长 160 米。事故前此全煤停工巷采用一台 28KW 局扇供风 160 立方米/分,一台 11KW 局扇做备用。距煤巷拉门点往下 15 米设一处监测探头,监测信号可反映到通风区监测室。事故后国务院技术调查组经灾区现场勘察,对 35 名知情者调查取证与对井下供电系统和四台供电开头开箱解剖取证证实:现场主用和备用局扇自动转换连线断开,风电闭锁短接,瓦斯电闭锁没接。

我国目前国有重点煤矿大多数属于瓦斯矿井,其中高瓦斯矿井和突出矿井占全国矿井总数的 44%。瓦斯给煤矿生产带来极大的危害,尤其是瓦斯爆炸事故,在煤矿重大事故中占有很大的比重。因此,预防、控制瓦斯爆炸事故,是实现煤矿安全生产的关键。

瓦斯爆炸事故的规律主要来自瓦斯积聚超限的异常状态、引爆火源产生的异常状态,以及瓦斯、引爆火源、空气中氧气三者异常结合而导致与构成的瓦斯爆炸事故。

瓦斯爆炸需要同时具备三个条件:一是要有瓦斯源的存在,瓦斯源的浓度在 5%~16%;二是要有引爆的火源存在;三是要有足够的氧气参与爆炸反应,一般是空气中氧气浓度在 12% 以上。

这三者缺一不可,只有这三者具备了上述条件,并且三者发生了异常结合时,才能导致瓦斯爆炸事故。所以,一般预防瓦斯爆炸的措施有:

1. 防止瓦斯积聚。煤矿应优化布局,完善通风系统,先抽后采;建立完善瓦斯检测系统;为井下人员配备携带便携式甲烷报警仪等。

2. 防止瓦斯被引燃。防止瓦斯被引燃就是要防止火源:矿井中禁止吸烟,防止煤层自然发火,防止电气设备故障、电缆电线绝缘破坏等产生火花,防止静电火花等。

3. 防止瓦斯爆炸灾害扩大。

1 3.

坍塌事故预防要点

坍塌事故是指物体在外力和重力的作用下,超过自身的极限强度,结构稳定失衡塌落而造成物体高处坠落、物体打击、挤压伤害及窒息等事故。这类事故因塌落物自身重大、作用范围大,往往伤害人员多、后果严重,常造成重大或特大人身伤亡事故。

2010 年 3 月 13 日下午 3 时许,位于深圳市南山区兴工路的汉京峰景苑施工工地发生一起较大安全事故。施工人员在铺设防护棚过程中,防护棚突然发生坍塌,造成 9 人死亡,1 人受伤。

2012 年 8 月 22 日 9 时 53 分,陕西榆林市城区新建路原地毯厂建筑工地发生垮塌事故,18 名建筑工人被困地面以下。昨日下午 4 时,15 名被困人员被救出,分别被送往三家医院救治。据院方透露,其中 2 人经抢救无效、不幸死亡;其他 13 人经过救治,截至昨晚已无生命危险。晚 10 时 25 分,救援人员找到被困建筑物下的最后 3 名工人,遗憾的是他们均已死亡。

工程施工、矿山开采和桥梁施工中都易发生坍塌事故,引发人员伤亡,所以一定要注意防范。具体防范措施有:

(1)挖土方时,发现边坡附近土体出现裂纹、掉土及塌方险情时,应立即停止作业,下方人员要迅速撤离危险地段,查明原因后,再决定是否继续作业。

①按土质放坡或护坡。施工中,要按土质的类别,较浅的基坑,要采取放坡的措施,对较深的基坑,要考虑采取护壁桩、锚杆等技术措施,必须有专业公司进行防护施工。

②降水处理。对工程标高低于地下水以下，首先要降低地下水位，对毗邻建筑物必须采取有效的安全防护措施，并进行认真观测。

③基坑边堆土要有安全距离，严禁在坑边堆放建筑材料，防止动荷载对土体的震动造成原土层内部颗粒结构发生变化。

④土方挖掘过程中，要加强监控。

⑤杜绝"三违"现象。

(2)加强对脚手架的日常检查维护，重点检查架体基础变化，各种支撑及结构联结的受力情况。当脚手架的前部基础沉陷或施工需要掏空时，应根据具体情况采取加固措施。

(3)模板作业时，对模板支撑宜采用钢支撑材料作支撑立柱，不得使用严重锈蚀、变形、断裂、脱焊、螺栓松动的钢支撑材料和竹材作立柱。支撑立柱基础应牢固，并按设计计算严格控制模板支撑系统的沉降量。支撑立柱基础为泥土地面时，应采取排水措施，对地面平整、夯实，并加设满足支撑承载力要求的垫板后，方可用以支撑立柱。斜支撑和立柱应牢固拉接，行成整体。严格控制施工荷载，尤其是楼板上集中荷载不要超过设计要求。

(4)当隐患危及架体稳定时，应立即停止使用，并制订针对性措施，限期加固处理。

(5)在支搭与拆除作业过程中要严格按规定和工作顺序进行。

发生坍塌事故时，要学会紧急应对方法，及时救援被埋人员，减少伤亡：

①当施工现场的监控人员发现土方或建筑物有裂纹或发出异常声音时，应立即下令停止作业，并组织施工人员快速撤离到安全地点。

②当土方或建筑物发生坍塌后，造成人员被埋、被压的情况下，在确认不会再次发生同类事故的前提下，立即组织人员进行抢救受伤人员。

③当少部分土方坍塌时，救护人员要用铁锹进行撮土挖掘，并注意不要伤及被埋人员；当建筑物整体倒塌时，造成特大事故时，要由专业救援队采用吊车、挖掘机进行抢救，现场要有指挥并监护，防止"机械"伤及被埋或被压人员。

④被抢救出来的伤员，要由现场医疗室医生或急救组急救中心救护

人员进行抢救,用担架把伤员抬到救护车上,对伤势严重的人员要立即进行吸氧和输液,到医院后组织医务人员全力救治伤员。

14.

冒顶事故预防要点

冒顶事故是井下矿山生产中发生的顶板冒落的事故,是对矿工人身安全健康威胁最大的灾害之一。据统计,在全国矿山每年因工死亡人数中,有40%是死于冒顶片帮事故。

2003年9月22日2时40分左右,601队郝××小班在W2S运输中巷割完第三个循环(5.4米)后,发现顶板起层,易脱落(顶板2米内有0.3米砂岩,其他是泥岩)。随后,安检员苏××与跟班队长张××商定,先打2个锚索,改变循环进度(即一次割一排,进尺1米)。当割到第七排时,发现掌子头顶板有一道裂隙、淋水,当4时10分割完第八排时,发现顶板淋水见大,左侧顶板有脱层,掌子头出现片帮现象,水色混浊,瓦斯忽大忽小,安检员苏××和张××立即决定将工作面作业人员、设备撤出,并通知矿调度。4时30分,三条钢带被拉断,顶板中间部分有下沉现象。5时10分左右,工作面顶板(长8米、高3.4米)全部冒落下来,将工作面全部堵严。

事故原因就是W2S运输中巷发生这起事故是因F6断层(F6断层尾部距离运输中巷工作面透水点100米以上)积水通过裂隙带涌入工作面,由于水量、水压较大,4—2层顶板被浸泡后产生离层,致使锚杆支护失效,顶板离层冒落;地质部门没有对该工作面水文地质情况提前做出预测预报,施工单位没有做到有疑必探,并采取有效措施,是这起事故的主要原因。

可见,加强对冒顶事故的预防具有十分重要的意义。

(1)识别冒顶事故发生前的征兆,并采取相应的防范措施,是预防冒顶事故的重要方法。在正常情况下,冒顶事故事先都有如下几种预兆:

①发出响声。岩层下沉断裂,顶板压力急剧加大时,木支架会发出劈裂声,紧接着出现折梁断柱现象;金属支柱的活柱急速下缩,也发出很大声响。

②掉渣。顶板严重破裂时,出现顶板掉渣,掉渣越多,说明顶板压力越大。

③片帮煤增多。因煤壁所受压力增加,变得松软,片帮煤比平时要多。

④顶板裂缝。顶板有裂缝并张开,裂缝增多。

⑤顶板出现离层。检查顶板要用"问顶"的方法,俗称"敲帮问顶"。如果声音清脆表明顶板完好;顶板发出"空空"的响声,说明上下岩层之间已经脱离。

⑥漏顶。大冒顶前,破碎的伪顶或直接顶有时会因背顶不严和支架不牢固出现漏顶现象,形成棚顶托空,支架松动而造成冒顶。

⑦有淋水。顶板的淋水量有明显增加。

所以,当施工中发现有上述现象时就一定要高度警惕,及时撤出,以防人员伤亡。同时,工作人员马上采取应急措施。

①应根据顶板岩石性质及岩石移动规律,选择正确的支架形式。支架方式需和顶板岩性相适应,不同岩性的顶板要采取不同的支架方式。如较坚硬的顶板可采用点柱,而松软易碎的顶板就要用棚子,并在梁上插上背板、背上竹笆。

②当矿层倾角不大,顶板破碎而且压力较大时,宜采用横板棚子。当煤层倾角较大时,宜采用顺板棚子。

③回采工作面必须平整,不得留有伞檐和松动煤块。

④工作面和支架以及溜子都要尽量保持直线,而且必须及时支架。

⑤在打眼、放炮、割煤、移溜子等作业中碰到活损坏的支架必须及时修复，移溜子头时拆除支架的地点，必须及时加设临时点柱。支架要架设牢固，禁止在浮煤上架设。

⑥采煤后要及时支护。采煤机割煤后，受到输送机弯曲度的限制，在一定范围内不能及时打基本柱，顶板悬露面就大，因此，一般要采用超前挂金属梁或打临时支柱的办法及时支护，防止局部冒顶。

⑦整体移输送机时要采取有效措施。有较大面积的顶板不能用支柱支撑，对容易冒顶的比较破碎的顶板，必须采取相应的措施，如采取边移输送机、边回临时支柱和边支基本支柱的快速支、回柱办法。

⑧工作面上下出口要有特种支架。工作面上下出口，空顶面积大，暴露时间长，在超前支撑压力作用下，顶板下沉量大。另外，机头、机尾设备移动时反复支撤支柱，顶板容易破碎，因此，一般要在上下出口范围内加设台棚或木垛等。

⑨防止放炮崩倒扬子。一是炮眼布置必须合理，装药量要适当；二是支护质量必须合格，要牢固有劲，不能打在浮煤浮矸上；三是留出炮道。如果放炮崩倒柱子，必须及时架设，不允许空顶。

⑩坚持正规循环作业。正规循环作业规定工作面每天的进度、控顶距及支柱、回柱等工序按顺序地进行，因此顶板悬露面积小、压力小，支柱不易折断，以便控制顶板。

⑪坚持必要的制度。例如"敲帮问顶"制度、验收支架制度、岗位责任制、金属支柱检查制度、顶板分析制度和交接班制度等，防止麻痹大意，方可避免冒顶事故的发生。

⑫采取正确的回柱操作方法，防止顶板压力向局部支柱集中，造成局部顶板破碎及回柱工作的困难，严格执行作业规程、操作规程，严禁违章作业。

15.

中毒窒息事故预防要点

当人体在有窒息性气体环境中时，窒息性气体导致人体呼吸系统终止呼吸而造成的伤亡事故就是中毒窒息事故。这样的事故往往容易发生群死群伤事故，后果极为严重，要特别小心防范。

2010年1月4日，河北省武安市普阳钢铁公司南平炼钢分厂的2号转炉与1号转炉的煤气管道完成了连接后，未采取可靠的煤气切断措施，使转炉气柜煤气泄漏到2号转炉系统中，造成正在2号转炉进行砌炉作业的人员中毒。事故造成21人死亡、9人受伤。

2010年1月18日上午8时30分左右，河北新鼎建设有限公司的6名检修施工人员进入内丘顺达冶炼公司2号高炉（440立方米）炉缸内搭设脚手架，拆除冷却壁时，造成6名施工人员煤气中毒死亡。

2009年12月6日，新余钢铁公司焦化厂2#干熄焦的旋转密封阀出现故障，三名协助处理故障的焦炉当班工人中毒死亡；1人未佩戴呼吸器进行施救，中毒死亡；最终共导致4人死亡、1人受伤。

从以上案例可见，中毒事故也并非小事故，所以，一定要引起我们的重视和警惕。

当人体在有窒息性气体环境中时，窒息性气体导致人体呼吸系统终止呼吸而造成的伤亡事故就是中毒窒息事故。预防中毒窒息事故应根据环境中可能存在的窒息性气体的种类采取相应的预防措施。通常，预防中毒窒息事故应从以下几个方面入手。

(一)预防一氧化碳中毒

(1)冬天屋内生煤炉取暖必须使用烟囱,使煤气能够顺利派到室外。

(2)在产生一氧化碳的场所应经常测定空气中的一氧化碳浓度或设立一氧化碳警报器和红外线一氧化碳自动记录仪,监测一氧化碳浓度变化。

(3)进行煤气生产时应定期检修煤气发生炉和管道及煤气水封设备,防止一氧化碳泄漏。

(4)生产场所应加强自然通风,生产一氧化碳的生产过程要加强密闭通风;矿井放炮后必须通风20分钟以后,方可进入生产现场。

(5)进入一氧化碳浓度大的场所工作时,须戴防毒面具;操作后,应立即离开,并适当休息;作业时最好多人同时工作,便于发生意外时自救、互救。

(二)预防氮氧化物中毒

(1)酸洗设备及硝化反映锅应尽可能密闭和加强通风排毒。

(2)定期维修设备,防止毒气泄漏。

(3)加强个体维护,进入氮氧化物浓度较高的场所工作时应戴防毒面具。

(三)预防氯中毒

(1)严守安全操作规程,防止跑、冒、滴、漏,保持管道负压。

(2)排放含氯废气前须经石灰净化处理。

(3)检修或现场抢救时必须戴防毒面具。

(四)预防氢氰酸中毒

(1)加强密闭通风。

(2)严格遵守安全操作规程。如氰化物的保管、使用和运输应有专人负责;建立严格的专用制度;用氰化物熏仓库是要防止门窗漏气,并须经充分通风方可进入。

(3)加强个体防护。应配备防护服、手套、防毒口罩(活性炭滤料)或供氧式防毒面具;车间应配备洗手、更衣设备以及急救药品。

(4)操作工人在就业前应进行体验,上岗后还应定期体检。

(五)预防硫化氢中毒

(1)改进工艺,减少硫化物的用量。

(2)加强密闭、通风,经常测定车间硫化氢的浓度。

(3)排放硫化氢以前,应采取净化措施。

(4)加强个体保护。进入具有硫化氢中毒危险的场所时,应先对环境毒情进行检测,并采取通风置换,戴防毒面具等措施。进入井、坑作业,应带好和拴牢安全带,佩戴氧气呼吸器面具,使用信号联系,并有专人监护。

(5)在有硫化氢的生产中,要按工艺严细操作,防止失控。

(6)有神经、呼吸系统疾患,眼睛等器官有明显疾患者,不应从事硫化氢的作业。

第八章
不放过任何隐患,隐患不除事故不绝

　　隐患是安全的天敌,是事故的元凶。正是大量安全隐患的存在,为安全事故的发生埋下了伏笔。安全生产的核心是预防事故、杜绝事故。而杜绝事故、预防事故的核心就在于查找隐患、消除隐患,不仅是一些机器设备的隐患,更需要消除我们行为上的隐患,做到不违章、不违纪。隐患不除,事故不绝;如果隐患消除,则安全必然有了保障。

1.

隐患就是事故的定时炸弹

　　隐患，是安全生产的大敌，是导致事故的元凶。正是大量隐患的存在，为安全事故的发生埋下了伏笔。安全的核心就是预防事故，预防事故的关键就是查找和治理隐患，确保作业人员的安全。隐患不消除，事故难堵住。安全隐患就是定时炸弹，放过一个事故隐患，等于埋下一枚炸弹，而查处一个隐患，就等于拔掉一颗定时炸弹。如果不能及时拔掉这些定时炸弹，总有一天，它会爆炸的。

　　2003 年 7 月 12 日，某建筑公司承建的某化肥厂工地，厂房内有一预留洞口，未加盖板，工人在拉推车时，从该预留洞口坠落，造成 1 人死亡、1 人受伤。

　　这家公司工地，厂房内有一预留洞口，原有盖板，整修地面时被拆掉，未及时恢复。7 月 12 日下午 3 点左右，水泥工李某在拉载货推车时，倒着走，边走边与推车的另一名工人聊天，经过预留洞口，不小心掉下去了，工友急忙搭救冷某，在搭救过程中王某摔伤。而李某也经抢救无效死亡。

　　这起事故的主要原因是工人违章拆除防护设施预留洞口，并且拆掉盖板不复原，留下安全隐患。其次是施工现场管理不严，监督检查不力，安全防护措施有漏洞，并且员工安全培训教育不到位，作业人员安全素质不高，自我保护意识差等，这些都给安全留下了隐患。

2000年5月19日上午9点多钟,某机械厂切割机操作工王某在巡视纵向切割机时,发现刀锯与板坯摩擦,有冒烟和燃烧现象,如不及时处理有可能引起火灾。于是王某当即停掉风机和切割机,去排除故障。为了不影响生产,没有关闭皮带机电源,皮带机仍然处于运转中。王某在排除故障时因袖口未按规定系好扣子,袖子耷拉着,当伸手去掏燃着的纤维板屑时,袖口连同右臂被皮带机齿轮突然绞住,他使出全力想要拽出手臂,但没能成功。邻近岗位工作的工友听到王某的呼救声,急忙跑到开关前关闭了皮带机电源。因王某的手臂被皮带机齿轮卡住,无法活动,直到20分钟后,电工摘下电机风扇罩子,拨动扇叶,才退出右臂,此时已造成右臂伤残。

也许王某平常没有按照规定系上扣子,并没觉得有什么不对。但这正是为事故埋下的隐患。事故正是人的不安全的行为和物的不安全的状态交叉的结果,当物的状态安全时,也许王某的这个安全隐患还是隐患,还没有表现出它的破坏力,但是一旦时机成熟,这个隐患就会露出它本来狰狞的面目,毫不留情地出来伤人。这正像不知何时埋下的定时炸弹一样,忽然之间就会爆炸,就会伤人,就会给我们留下痛苦的回忆。

所以,隐患非常危险,正是隐患的存在,才使事故不可避免。一些看似很不起眼的隐患,有时也会酿成大祸,让我们付出惨痛的代价。

1972年12月4日16时48分,辽宁省某县制油厂,爆炸危险场所的电气设备不妨发生爆炸燃烧事故,造成死亡13人,伤41人的特别重大伤亡事故。同时爆炸烧毁厂房500平方米,毁坏各种机电设备60多台件,直接经济损失达20多万元。

11月27日,工人孙某私自拧动2号浸油罐溶剂管路明止阀芯子的压紧螺丝,造成脱扣,对此孙某没有采取补救措施,便将脱扣的螺丝母套在法兰盘上。工人孙某对此事隐瞒下来,留下隐患。

12月4日16时30分,工人孙某与于某私自交换工作岗位,因于某对孙某的工作不熟悉,忘记开浸出罐进溶剂阀门,使已烷甃在管道里，压力增大，顶出缺少螺丝阀门芯子，喷出溶剂油。虽然经过抢救堵住，但在这10几分钟内喷出的已烷已经达到1000多千克，大量的已烷气体布满浸出工段，窜入烘干、软化、碾压三个工序的厂房内。在慌乱中，工人为了关闭搅拌机的电源错按了反转按钮，导致已烷气体爆炸燃烧。

事后检查分析爆炸燃烧原因，是由于工人违反操作规程，使浸出罐溶剂管路的明止阀芯子脱落，溢出大量乙烷挥发气体；又因为电气安装不合理且不防爆，按钮开关和接触器没有连锁装置，工人误操作造成短路，使闸开关产生弧光引爆已烧气体。

安全生产直接关系到社会的和谐与稳定，关系到广大从业人员的生命和家庭幸福，是一个企业生存的命脉。所以，及时消除危及人身和设备的"隐患"，一条隐患可能避免一起事故，一条隐患可能挽救一条生命，消除所有的隐患，达到"防患于未然"，安全才能有保障。

所以，我们要树立"放过一个事故隐患，等于埋下一颗定时炸弹"的忧患意识，重视安全隐患，及时发现和消除安全隐患，对发现的任何问题敢抓敢管，大胆揭露，果断解决，绝不留下任何隐患，对发现的违章违纪隐患大胆纠正，严肃处理，决不姑息迁就，从而真正营造一个良好的安全局面。

2.

小隐患往往带来大麻烦

隐患之所以是"隐患"，就因为其"隐"，一般难以发现，安全隐患还有一个特点就是小，唯其小，才易被忽视，不易被发现。在预防事故工作中，有些事情看起来微不足道，实际上非同小可，有的小事捅出大娄子，懊悔不已；有的无视安全，酿成大祸；有的违章操作，命丧黄泉。俗话说："沙粒虽小伤人眼,小雨久下会成灾。"小过错与大祸端没有不可逾越的屏障,事物一定程度就会引起质变,小过错不可小视。

　　1995年9月9日,某作业队在H2-6井下油管作业时,职工马某负责管,由于他所用的24管钳牙口磨损严重,未咬紧油管,上提油管单根时,管钳打滑,油管前冲,接箍挂在井口上,油管尾部翘起将马某的头部砸成重伤,造成严重的工伤事故。造成此次事故的直接原因是管钳打滑;井口摆放的油管枕高度低于井口。

　　某矿采煤队一位员工在对工作面机头顶板进行支护时,发现有一根液压支有轻微的卸压现象,可他没当一回事,继续工作,然而顶板突然大面积来压力,将卸压支柱压倒,造成顶板矸石垮落打断了他的右脚。

　　2004年12月20日河北省沙河市"11·20"铁矿火灾事故,造成数十人死亡,矿井发生火灾的原因查明为主井盲井电缆内燃引发坑木燃烧。

　　2003年12月23日川东"12·23"井喷事故,主要原因是有关人员违规卸掉钻柱上的回压阀,导致井喷失控,造成多人中毒死亡和巨大财产损失。

　　这样的事例比比皆是。所以我们要把好预防事故这道关,就一定不能放过隐患。要利用各种形式查找存在的隐患,这些隐患包括我们思想意识上的隐患、工作态度上的隐患、生产系统中的隐患、工作岗位上的隐患等,每一种查出了的隐患都要尽快整改、处理和消除。如有一些职工历来遵守岗位纪律挺好,却在一次值班中脱岗了几分钟,而事故便恰恰发生了。事后,当事者说:"真想不到,脱岗就那么一会儿,就偏偏出了事。""想不到"就是安全生产最大的隐患,思想意识上的隐患。因为岗位上制定的操作规程、岗位责任制、劳动纪律都是经过长期的工作实践积累总结出来的,是安全生产的法宝。干工作凭侥幸,难免不出事故,就难免有"想不到"的感叹,而往往等想到、认识到的时候,后悔也就晚了。隐患无大小,在隐患的治理整改上不存在大小之分,小隐患也可能酿成大事故。即隐患再小,隐藏得再深,就是用放大镜、用显微镜也要把它找出来,不让这小小的隐患酿成大的灾难。

2006 年 11 月 5 日 11 时 38 分,山西省同煤集团轩岗煤电公司焦家寨煤矿发生一起特别重大瓦斯爆炸事故,造成 47 人死亡、2 人受伤,直接经济损失 1213.03 万元。11 月 5 日 11 时 10 分左右,山西同煤集团轩岗煤电公司焦家寨煤矿井下 511 采区突然停电、风机停风,造成一个进风巷掘进面瓦斯积聚、超限。从矿上的监测记录看,从瓦斯浓度升高到最后超过安全底线,大约有 40 分钟。按照操作规程,在这种情况下,应该赶紧将井下作业的工人撤离,查找停电原因,通风降低瓦斯浓度,时间是完全来得及的,然而,矿方并没有采取这些措施而是违规合上了电闸,恢复送电,于是,惨剧发生了,47 人命丧井下!瓦斯爆炸,现在甚至连当时是谁合上的电闸也查不出来。

2006 年 10 月 31 日,甘肃省靖远煤业公司魏家地煤矿发生瓦斯爆炸事故,死亡 29 人、受伤 19 人。事故之后人们发现了这个矿的一个技术缺陷:一综采顶煤回采工作面沿顶板布置专用排瓦斯巷道直接与采空区连通,总体来说,就是巷道布置不合理,致使瓦斯积聚不能被及时发现和处理。但在 4 天前煤矿检测人员已经检测到矿井内瓦斯浓度严重超标的情况下,没引起煤矿管理人员的重视,生产依然进行,终于导致无可挽回的惨案。

小隐患不除,大事故难免。俗话说,铲除杂草要趁小,整改隐患要趁早,杂草丛生庄稼少,险象环生事故多。小隐患能引发大事故,正所谓"千里之堤,溃于蚁穴"。安全管理必须严密,严密到不能漏过任何细微的隐患,做到万无一失。"天网恢恢,疏而不漏",只有严密防范"万一",根治隐患,才能减少事故的发生。

古人说:"明者见于未萌,智者避危于无形,祸固多藏于隐微,而发于人之所忽者也。"意思是:明智的人在事故发生前就有了预见,有智慧的人在危险还没有形成的时候就避开了,灾祸本来就大多藏在隐蔽不易发现的地方,而突发在人的忽略之处。消除事故隐患才能真正有效地避免生产事故的发生,才是我们安全生产工作的根本所在,才能使安全真正根植于内心,融于血液,时时处处绷紧安全这根弦,不放过任何细微的、哪怕不起眼的隐患,才能真正防患于未然。

3.

隐患不除,事故不断

隐患是安全生产各种矛盾问题的集中表现,是违反安全生产法律法规、规章制度、标准规程的形态和行为,是滋生事故的土壤。事故源于隐患,隐患不除,则事故不绝。

2007 年全国共发生各类事故 50 多万起,死亡 10 万多人。美国"海因里希法则"告诉我们,每起严重事故背后,必然有近 30 次轻微事故和 300 多起未遂先兆以及 1000 多个事故隐患。

可见,只要隐患存在,事故就不可杜绝。要想消除一起严重事故,就必须把这 1000 多个隐患事先消除。因为许多事故的发生,看似偶然,实际上却隐患露头的结果。

某年 3 月 7 日,湖南株洲电业局 110k 铜瑭湾一南华线路停电,更换防污型悬式绝缘子,使用国营新华化工厂出厂的新华牌 P2 型紧固器作为起吊和放落导线的起重工具。上午 10 时,魏 XX(男、25 岁)等两人在 39 号杆上换好右边相绝缘子串,在换上左边线绝缘子串后,装线夹时,因新绝缘子串比原绝缘子串长一些,需将导线放下一点距离才能套装,当扳动紧固器手柄其钢丝绳放松时,紧固器的制动扳手卡死不能返回,在导线重力(仅300多公斤)作用下,带动钢丝绳迅速下滑,最后钢丝绳从绳轮上抽出,站在导线上的魏XX因安全带未按规程要求系在牢固的构件上,而是系在紧固器上,结果人随导线及绝缘子从高空坠落,内脏受伤,经全力抢救无效,不幸于当日16时40分死亡。

隐患是安全生产各种矛盾问题的集中表现,是违反安全生产法律法规、规章制度、标准规程的形态和行为,是滋生事故的土壤。事故源于隐患,隐患不除,则事故未已。

什么是隐患?这一点在2008年2月1日起施行的《安全生产事故隐患排查治理暂行规定》中已经明确定义:隐患包括人的不安全行为、物的不安全状态和管理上的缺陷。

事故是可防、可控的,关键是要落实隐患治理措施。只要及时发现存在的问题和隐患,并及时消除安全隐患,把对事故的预防提前到对隐患的预防上,就会预防事故发生。安全隐患不只是存在于现场的物或环境中,人的安全意识淡薄、责任意识淡漠,落实隐患治理措施时重生产轻安全,图省事,怕麻烦,有糊弄思想是最大的隐患。

这就要求我们首先要提高自己的安全素质。人、设备、环境是安全隐患的汇集点,三者中人又是最活跃、最重要的因素。人通过思维和探讨,可以排除设备等存在的不安全因素,来创设一个良好的安全生产环境。因此,安全隐患治理,首先要从人的"思想隐患"整治入手,强化员工的安全意识,加强教育培训,是预防事故发生的基础。

其次要加强综合治理,把安全生产的重点转移到隐患治理上来。明火尚不可惧,隐患才最难防。认真查找和发现各类安全隐患,落实隐患治理的整改措施、整改责任、整改期限,对检查督查发现的各类隐患,抓大不弃小,要排查一处整改一处,一抓到底;对制定的措施,要制定一条落实一条,一丝不苟,及时割裂、阻止具有因果关系的事故条件之间的联系,消除物的不安全状态和人的不安全行为,消除隐患的存在,就能有效防止事故发生。反之,事故的发生就不可避免。

4.

用"火眼金睛"及时查找隐患

隐患之所以叫做隐患,当然是因为它以隐蔽性为主要特点,并以安全的表象出现,因而常常不被人们关注。要找到并消除隐患,就要求我们每一位员工都要以高度的安全责任心来认真对待,练就一副洞察隐患的"火眼金睛",才能把事故隐患暴露在光天化日之下,并干掉它,才能真正拥抱安全。

2012 年 7 月 26 日上午,湖北老河口市供电公司竹林桥供电所主任丁毅、运维班班长李俊鹏和农电工周海洋来到谢营村泵站,检查维护供电线路和用电设备。李俊鹏检查计量表计时发现,出线桩头部位的 C 相无电压。他又对泵站用电线路上的闸刀进行验电测量,发现闸刀的 C 相也无电压,而零线却显示有电,初步判断泵站用电线路上有断线或者是接地现象。三人又检查一番,发现供电线路的线电压和相电压均正常;再对泵站 75 千瓦的电机用电情况进行检测,电机也运转正常,泵站抽出的河水依然"哗哗"地流向稻田。"怎么回事?"三人都觉得很奇怪。

丁毅仔细想了一下,认为应该是线路某部位有断线点或者是接地现象,导致计量表计 C 相无电压。经过对泵站闸刀以下线路的仔细检查,李俊鹏发现有一根护套线经过闸刀通向泵站隔壁一间的小屋。负责看护泵站抽水的杨德军平时住在这里,这几天,他每天早上把闸刀一推,就回村忙农活了,留下老伴在这里看守。

护套线通到这里要穿过小屋的铁门,在铁门来回转动的合页部位,可能因为护套线不够长了,杨德军就用一根两芯电缆与之对接,接头几乎挨着铁门的合页。李俊鹏拿起这个不起眼的电线接头仔细一看,立刻发现了问题。原来,护套线的芯是铝的,电缆的芯是铜的,铜铝相接产生氧化现象,导致接触不良,绝缘能力降低,接头部位紧靠铁门,裸露部位随时有可能随着铁门的转动而与铁门接触。杨德军的老伴在推拉铁门时,一不小心极易发生触电事故。

查出了故障原因,李俊鹏告诉正在小屋内准备做饭的老人,她吓得出了一身冷汗,"多亏你们及时发现,要不然真不知道有多危险啊!"

是啊,要不是几个员工这样认真仔细地查找隐患,也许这个隐患就会被轻易放过了,其结果可想而知。所以,查找隐患一定要仔细,要认真,要有一双发现隐患的"火眼金睛",这样,不论隐藏得多么深的隐患,也能被我们揪出来,不会再形成事故,生出祸害!

练就一双"火眼金睛",不仅对于生产过程中普遍性和倾向性的问题能够随时看到,而且对于"犄角旮旯"中存在的隐患能够敏锐发现。要随时随地都能明察秋毫,见微知著,透过现象看到本质。要一丝不苟、精益求精,既要重视"点",又要重视"面",一个现场一个现场地"捋",一台设备一台设备地"过",由点到面逐步扩大,发现问题一抓到底:原因查不清坚决不撒手,隐患治不好坚决不放过。要边查边治,边治边查,循环螺旋式推进排查整改,做到"斩草除根"、"除恶务尽",彻底断绝反复,不留后患。

想练就一双"火眼金睛"就要注意方法,敢于担当。隐患有浅层次和深层次之分,隐患查治也要讲究工作技巧,善用招数。动员每一个人,群策群防、群查群治,确保问题尽收"眼底",有效控制。要有探求真相的勇气,由浅入深,由表及里,循序渐进地查,不屈不挠地抓,直到把躲在暗处的问题反映出来,把藏在深处的矛盾揭露出来,找到原因,对症下药,深入彻底解决问题。要勇于负责,勇于担当,能够顶住阻力,不惧压力,直面挑战,克服困难,宁听骂声,不听哭声,严格管理,常摆"黑面孔",严肃查治,不做"老好人"。

要勤于检查,防患于未然。要有风险防范意识,"治病"要于"未病"之先,要把工作做在前面,未雨绸缪,防患于未然。安全检查时要不放过每一个错误的手势、每一次习惯性违章、每一次不规范的呼唤应答，要把苗头隐患消灭在萌芽状态或是刚刚崭露之际，那才是最佳的安全检查。同时，在发现隐患的蛛丝马迹时，要以"治"为主，"罚"为辅，把"罚"作为达到"治"的一种手段，促使一线员工认真落实标准化作业，不放过每一道螺丝、每一个细节，让他们切实从"心"做起干工作，从"小"抓起保安全，最终形成全员主动出击找隐患、人人动手防隐患、相互监督治隐患的安全气象，安全隐患必然无处藏身。

5.

发现隐患就要立即整改，全面消除

查找隐患不是目的，整改、消除隐患、全面杜绝事故才是。所以，发现隐患不能仅仅止步于发现，而要及时整改，全面消除。

生产过程中的事故隐患，具有相当强的不稳定性，在没有人为整顿修改状态下，隐患可以很快演变为事故。许多生产事故在发生前，不是我们没有发现隐患，而是漠然处之，存有侥幸心理，姑息养奸，听之任之，任其发展，其结果是生产事故的必然爆发。

2007 年 6 月 30 日，合肥逍遥津公园游乐场"世纪滑车"发生事故，导致 2 名中学生 1 死 1 伤。当天公园里"世纪滑车"的 6 节车厢里搭载了几名乘客后，开始顺着轨道缓缓爬升，车即将爬升到最高点时，突然停了下来。随后，6 节车厢急速倒滑，造成五号车厢和六号车厢车轮脱轨，六号车厢侧翻变形，将坐在最后一节车厢内的一名中学生挤压碰撞致伤，经抢救无效死亡，同车厢内另一学生受轻伤。

过山车等大型游乐设施，人们玩的就是有惊无险。可惊险刺激的"滑车"怎么会变成杀手？原来，"世纪滑车"共有6节车厢，由于2号车厢与6号车厢连接的部位发生断裂，公园没能力焊接，于是修理工就调换了2号车厢和6号车厢的位置。按照《特种设备安全监察条例》规定，特种设备出现故障或发生异常情况，使用单位应对其全面检查，消除隐患后，方可重新投入使用。但他们虽做了空载试运行，却没理会试运行中发出的异常响声。在3次试运冲滑车的这种异响一直没有消除，修理工分析认为，异响属于正常。根据生产厂家的技术说明显示，6号和2号车厢构造不同，运行参数也不相同，但这样的重大安全隐患，却被修理工轻轻放过，不仅没有整改，而是自作主张乱整改。设备有异常响声，就证明它有隐患。而一被人忽视、被放任不理，低标准外加老毛病、坏习惯一并爆发，于是恶性事故不可避免。

　　有些人看不到隐患"立即整改"和"限期整改"的区别，看不到"立即整改"和"边施工边整改"的区别，甚至把"带病运转"视为正常状态。有些单位负责人为了追求所谓"利润最大化"，只顾赚钱不顾生命安全，只顾利润产出不顾必要的安全投入、安全条件的改善、事故隐患的应急整改，缺乏危机感。消极的态度必然导致生产事故的发生，等来的只能是惨痛的教训和严厉的惩罚。

　　主要包括：采用自动化、机械化作业；完善安全装置，如安全闭锁装置、紧急控制装置，按规定设置安全护栏、围板、护罩等；电气设备的接地、断路、绝缘；作业场所必需的通风换气，足够的照明，或必要的遮光；符合规定要求的个人防护用品；危险区域或设备上设置警告标志、责任心安全生产其实是容不得任何侥幸的，发现隐患就必须立即认真整改，切实消除隐患，才能真正保证安全。国家安全生产管理也规定，对存在严重威胁安全的重大隐患，要责令立即停止运营或生产建设。"对检查发现的隐患和问题，能立即整改的要立即整改；不能立即整改的，要落实安全责任，制定保障措施，明确整改时限；对存在严重威胁安全的重大隐患，要责令立即停止运营或生产建设。"我们每一个员工都应当严格记住这样的规定，时时刻刻记住，不仅要认真仔细地查找隐患，更需要我们认真负责地整改，只有这样才能消除事故的隐患。

当然,不同的隐患有不同的整改和治理方式。一般要遵循以下原则:

(1)彻底消除原则。即采用无危险的设备和技术进行生产,实现系统的本质安全。

(2)降低隐患危害程度原则。若事故隐患由于某种原因一时无法消除时,应使隐患危害程度降低至人可以接受的水平。如作业场所中的粉尘不能完全排除时,可通过加强通风和使用个人防护用品,达到降低吸入量的目的。

(3)屏蔽和时间防护原则。屏蔽就是在隐患危害作用的范围内设置障碍,如吸收放射线的铅屏蔽等。时间防护就是使人处在隐患危害作用环境中的时间尽量缩短到安全限度之内,如国家已明确规定了噪音达到某一数值时,职工在此作业环境中的工作时间等。

(4)距离和不接近原则。带电体应保持一定的距离,为此,规定了各级电压的安全距离。对于危险因素作用的地带,一般人员不得擅自进入。

(5)取代、停用原则。对无法消除隐患的危险场所,应采用自动控制装置或机器代替人进入,人远离现场,进行遥控;或者停用设备,如离带电体安全距离不足时,采用停电方式进行检查。

此外,还可以采用自动化、机械化作业;完善安全装置,如安全闭锁装置、紧急控制装置,按规定设置安全护栏、围板、护罩等;电气设备的接地、断路、绝缘;作业场所必需的通风换气,足够的照明,或必要的遮光;符合规定要求的个人防护用品;危险区域或设备上设置警告标志等相应的整改措施。

6.

严守规章,消除人的不安全行为

其实细究起来,在所有的安全事故隐患中,最大的隐患莫过于人的不安全行为。事故致因理论的研究成果表明,造成员工人身伤害的直接原因是人的不安全行为。

> 美国著名的安全工程师海因里希曾经调查了美国的 75000 起工业伤害事故,发现占总数 98％的事故是可以预防的,只有 2％的事故超出人的能力所能预防的范围,在可预防的工业事故中,以人的不安全行为为主要原因的事故占 88％,以物的不安全状态为主要原因的占 10％。根据日本的统计资料,1969 年机械制造业休工 8 天以上的伤害事故中,96％的事故与人的不安全行为有关,91％的事故与物的不安全状态有关;1977 年机械制造业休工 4 天以上的 104638 件伤害事故中,与人的不安全行为无关的只占 5.5％,与物的不安全状态无关的只占 16.5％。虽然在不同行业、不同时期,人和物两种因素在事故致因中的地位会发生变化,但是,根据北京供电局 1950 年至 1999 年 5 月的事故统计资料(不完全),发生的 38 起触电造成的人身死亡、重伤、轻伤事故中,与人的不安全行为有关的事故 35 起,占事故总数的 92.1％,纯属于物(施工工机具、施工环境)的不安全状态造成的事故 3 起,占事故总数的 7.9％。

由此看出,人的不安全行为造成的事故远高于物的不安全状态造成的事故,并且随着生产技术的进步,生产设备的质量和安全防护装置的不断提高和改进,由人的不安全行为造成的事故比例越来越高。因此,消除人的不安全行为,是消除隐患、防范事故的重头戏,也是避免人身伤害事故发生的基本保证。

人的不安全行为产生的原因主要是安全意识不强,采取不正确的态度;个别职工忽视安全,甚至故意采取不安全行为;技术、知识不足;缺乏安全生产知识、缺乏经验,或技术不熟练。当然产生不安全行为的原因还有工作人员身体不适、工作环境恶劣以及不可避免的失误等因素。

2009年8月21日19时25分,南宫市双龙金属制品有限公司炼铁厂1#高炉主风机跳闸断电,高炉被迫休风。19时45分左右,故障排除,热风班开始对干式除尘器进行引煤气操作,用煤气置换除尘器箱体内空气,并在主控室依次关闭除尘器1#—7#箱体DN250放散管气动蝶阀。由于7#箱体DN250放散管气动蝶阀出现故障没有完全关闭,21时30分,1#高炉热风班4名工人上到7#箱体顶部实施人工关闭(当时正在下犬雨)。没有关闭到位的7#箱体蝶阀使煤气仍处于放散状态,造成除尘器箱体顶部煤气大量聚集,导致4人当场中毒。21时50分左右,在箱体下留守监护的3人怀疑箱体上面出现问题,也未佩戴空气呼吸器和携带一氧化碳报警仪,在未切断煤气气源的情况下,再次上到7#箱体顶部工作台,致使当中的2人相继倒下。6名中毒人员经抢救无效死亡,1人中毒较轻,经治疗后痊愈出院。直接经济损失500余万元。

经调查分析,此次事故发生的直接原因是作业人员的违章指挥、违规作业。在7号箱体放散管气动蝶阀关闭不到位,未切断煤气气源,放散管仍处于放散状态的情况下,4名作业人员未按照规定佩戴报警仪和呼吸器,就贸然上到7号箱体顶部实施人工关闭,造成4人当场中毒。而其他3名操作人员佩戴呼吸器和未采取任何措施的,就盲目进行施救,造成中毒并导致事故扩大。同时,干式除尘器属煤气设备净化介质是高炉煤气,操作人上到除尘顶部从事带煤气维修作业,本身是一件冒险性比较大的作业,此次操作又在雨天和夜间进行,不符合工业企业煤气安全规程(GB6222—2005)规定的"不应在雷雨天气进行,不宜在夜间进行"的要求,属违规作业,导致事故发生。

这次违章指挥致使 6 人死亡,1 人受伤,一时的大意,带来的是永远无法弥补的伤害,是生命的消失,幸福的结束,家庭的破碎。所以,违章行为是最危险的行为,有一句安全警语说得好"违章作业等于自杀,违章指挥就是杀人",说得很严重,却更是事实。若是不能消除人的不安全行为,就等于自杀,就等于杀人!

人的不安全行为是事故隐患的重要源头。所以,要从根本上清除安全隐患,就一定不能放过任何不安全行为的隐患。违章违纪是人的不安全行为的最大表现,也是事故的最大隐患。80%以上的事故是因为违章违纪造成的。所以对人的不安全行为的控制需要花更多的力气。

典型的违章违纪行为前面我们已经讲过很多了,但人的不安全行为表现多样,成因复杂,要彻底消除,并不是一件容易的事。特别对于一些隐藏较深的违章违纪和意识上的隐患,更要高度警惕。

比如对于一些员工的冒险行为与冒险作业,就需要加大管理力度,才能全面清除。冒险是指明明知道这种行为或者从事作业存在危险,却不顾规章制度的规定或者他人的劝告,执意采取冒险行为或者冒险作业的行为。冒险本身就是一种特别危险的行为,也是重要的安全隐患。如果不能及时纠正这种行为,事故就无法避免。

1992 年 5 月 3 日晚,某建筑公司四处安排王某夜间值班。王某在值班时,到工地小卖部购买方便面,返回值班室时,为贪图省事方便,在非人行通道,而且既无防滑设施又无栏杆的高架供水管上行走。供水管直径为 40 厘米,供水管至沟底高度差为 21 米,由于天黑视线不清,供水管又滑,不慎从供水管上坠落,摔至沟底。其他人员发现后,急忙将王某送往医院抢救,终因伤势严重,抢救无效而死亡。

造成这起事故的直接原因,是王某忽视安全,思想麻痹,有正式通道不走,为了走近道而冒险在供水管道上行走,酿成自我伤害事故。

在供水管道上冒险行走,很多胆大的员工都这样做过。可能没有出过事,所以没有人在意,更没有人制止,最终成为习惯性违章行为,事故就成为必然。

作业监护不到位或是缺乏监护,也是生产现场的常见不安全行为隐患之一,更需要及时清除。

1995 年 7 月 25 日,宁夏回族自治区银川市某化肥厂为了调整生产用水,厂调度室电话通知供水车间主任郭某,对厂 7# 线水量进行调整。郭某同意之后,用电话通知白班工长卜某,让其叫上当班深井工陈某和车间技术员黄某一起处理此事,布置完后,郭某又将调水之事转告调度室,同时要求调度室派 1 名调度员现场指导(因为调水会影响到合成车间及尿素 2 车间的生产用水)。白班工长卜某接到调水任务后,打电话至厂 2# 泵房,叫深井工陈某去 7# 线阀门并现场。11 时 35 分左右,车间到处找不到卜某、陈某 2 人时,才想到是否掉入阀门井里,车间副主任和车间技术员迅速跑到 7# 线阀门井处,打开井盖。车间副主任下到井内,发现井内有人,想抢救,但他自我感觉不好,即向上爬,在车间技术员的帮助下,爬了上来,说井内有人,即失去知觉。在过往众人的帮助下,于 12 时 05 分将落水的卜某、陈某 2 人救起,送往医院,卜某、陈某 2 人经抢救无效死亡,在抢救 2 人的过程中,又有 2 人轻度中毒。

该事故的主要原因是作业无人监护,导致失控引发事故。卜某、陈某 2 人进入阀门井内,无人目睹,无人监护。由于阀门较大,2 人相继下至井中调节,因井内有煤气,2 人中毒后栽倒水中窒息而死。其次是因为安全意识淡薄。无论是死者还是管理者都没想到阴井也能置人于死地。于是,操作时 2 人同时下至阴井,在没有监护人的情况下操作,致使 2 人同时遇难。

可见加强作业监护对于防范事故至关重要。作业监护是安全作业现场中的一个重要角色,在确保作业人员人身安全方面,起到非同寻常的作用,在有触电危险、施工复杂、化工行业等容易发生事故的工作中设置安全监护人是安全生产不可或缺的安全组织措施,"作业监护人"是作业场上真正的"生命守护神",是确保作业现场人身安全的有效措施。

　　当然，人的不安全行为不仅仅就是监护不力或是冒险，人的不安全行为形形色色，复杂多样。每一种表现都是一种隐患，都需要引起我们的高度重视，都需要及早清除才能保证安全。

　　消除人的不安全行为，具体可以采取以下措施：

（一）加强学习培训，消除人的不安全行为

　　学习培训使员工自己形成安全意识。经过一次、两次或者多次反复的"刺激"，使员工形成正确的安全意识，可以让他们提高辨别是非、安危、祸福的能力，从而采取正确的安全生产行为，同时也可以促使员工更加熟练掌握生产技术知识和操作技能，安全熟练地完成规定生产任务。

（二）强化规章制度，消除人的不安全行为

　　保证企业的安全生产，必须建立一套适合本企业的安全管理制度，尤其需要制定现场安全工作规程。用现场安全工作规程指导工作人员在生产过程中的行为。并且规章制度应形成闭环管理，即制定－执行－发现问题和不足－修订使之完善－再执行。消除人的不安全行为，必须使生产一线人员有章可循。因此规章制度的管理至关重要。

（三）加强现场安全监督，消除不安全行为

　　建立企业安全监督体系，充分发挥安全监督网的作用，随时检查现场的生产活动，发现并纠正违章行为。首先是班组安全员应发挥现场监督检查作用，班组安全员随班组一起工作，及时掌握现场情况，纠正违章和不安全行为。安全员应具有高度的责任心，对班组成员人身安全负责，履行监督职责。其次安全监督机构应巡回检查各生产现场，纠正违章，不定期地向领导和管理人员通报情况，敦促班组及其上级部门加强管理，以消除人的不安全行为。

　　4. 发挥安全奖惩制度的作用，消除不安全行为

　　在海因李希避免产生人的不安全行为和物的不安全状态的"3E"原则中，重要的一个对策就是"惩戒"。对个别采取不正确的态度、忽视安全、甚至故意采取不安全行为者，给予经济上的或其他必要的处罚，强制其树立正确的态度，采取安全的行为。

　　总之，要保证员工免遭人身伤害，保障生产顺利进行，彻底消除隐患，杜绝事故，就必须下大力气消除生产过程中人的不安全行为，安全教育和安全管理是消除人的不安全行为的两个根本对策。

7.

认真工作，消除物的不安全状态

生产经营单位发生的生产安全事故，其原因虽然是多方面的，但归纳起来不外乎以下三种情况：

一是人的不安全行为。在操作人员缺乏安全生产知识、疏忽大意或采取不安全的操作而引起的生产安全事故称为"人的因素"。也就是前面我们所阐述的"人的不安全行为"。

二是物的不安全状态。因机械设备有缺陷或工作环境条件差，而引起的生产安全事故，称为"物的因素"。

三是管理上的缺陷。管理上存在的问题，而引起的生产安全事故，称为"管理的因素"。

而其中物的不安全状态，实际上在生产过程中也是极易出现的。物的不安全状态具体表现为：

①设备、设施、工具、附件存有缺陷。设计不当，结构不合安全要求，例如设备功能上该有连锁装置的没有安装；强度不够，如机械强度不够，起吊重物用的绳索吊具不符合安全要求容易断裂；设备在非正常状态下带"病"动转，超负荷运转；有故障(隐患)未予以及时修复等。

②防护、保险、信号等装置缺乏或有缺陷。如无防护罩，无安全保险装置，无报警装置，无限位装置，无安全标志，无护栏或护栏损坏，电气设备未接地，绝缘不良，无消声系统等；还有防护不当等情况。

③作业场不符合安全要求。没有安全通道，作业场所犯狭窄、场地杂乱；物件堆置的方式或放置的位置不当；操作工序设计或配置不安全等。

④劳动防护用品、用具配备缺少或有缺陷；缺乏具体使用规定。

⑤生产(施工)场地环境不良。作业环境的照明太暗或太亮，通风换气差；作业环境的道路、交通的缺陷，噪声太大；作业环境存在风、雨雷电等灾害性天气等。

⑥各种物态的不稳定或能量的忽然释放。

其中能量的忽然释放是最需要我们注意的。

生产活动中一时也未间断过能量的利用,在利用中,人们给以能量种种约束与限制,使之按人的意志进行流动与转换,正常发挥能量用以做功。一旦能量失去人的控制,便会立即超越约束与限制,自行开辟新的流动渠道,出现能量的突然释放,于是,发生事故的可能性就随着突然释放而变得完全可能。突然释放的能量,如果达及人体又超过人体的承受能力,就会酿成伤害事故。从这个观点去看,事故是不正常或不希望的能量意外释放的最终结果。而人丧失了对能量的有效约束与控制,是能量意外释放的直接原因和根本原因。

比如我们在利用电能的过程中,利用导线将电能传导到任何我们希望电能到达的地方,以发挥电能的功效。但是,如果电能在传导的过程中失去控制——比如导线断裂、火线和零线接触,使电能未能按照我们希望的路径传输到我们希望的地方,就会导致事故的发生。而如果这些没有受到控制的电能触及人体,并超过人体的承受能力,就会酿成触电伤害事故。

再比如说炼钢厂的钢水,本应在既定的容器中按照既定的方式煅烧,但如果失去控制,这些钢水冲出既定的容器,就必然会酿成事故,如果达及人体,就必然会形成伤害事故。

像这样因为能量的失控而导致的事故是相当多的。

一切机械能、电能、热能、化学能、声能、光能、生物能、辐射能等,都能引发伤害事故。能量超过人的机体组织的抵抗能力,造成人体的各种伤害。人与环境的正常能量交换受到干扰,造成窒息或淹溺。能量媒介或载体与人体接触,将会把能量传递给人体造成伤害。

人与能量接触而受到刺激,能否造成伤害及伤害的程度,完全取决于作用能量的大小。能量与人接触的时间长短,接触频率高低,集中程度,接触人体部位等,也会影响对人的伤害严重程度。

能量意外逸出造成事故,突然性很强。很多事故发生的瞬间,人往往来不及采取措施即已受到伤害。所以,要预防这样的状态,就一定要做好能量的屏蔽。可以采取物理屏蔽、信息屏蔽、时空屏蔽等综合措施,减轻伤害的机会和严重程度。

所谓屏蔽,就是约束、限制能量意外释放,防止能量与人体接触的措施和手段,都统称为屏蔽。常采用的屏蔽形式大致有:

(1)用安全能源代替不安全能源。

(2)限制能量。

(3)防止能量蓄积。如采用一些报警装置,限定能量的标准,超过标准则视为不安全状态,从而及早防范,控制能量的逸出。

(4)缓释能量。采取一定的方法,使能量缓慢释放,从而减少能量的蓄积,消除能量的不安全状态。

(5)物理屏蔽。利用物理手段把人与危险因素进行隔离,防止伤害事故或导致其他事故。

(6)时空隔离。利用时间和空间,把可能出现的忽然能量释放与人员隔开,减少事故伤害。

(7)信息屏蔽等。如及时告知人避开能量危险区域,减少伤害事故。

实际上,全部物的不安全状态,都与人的不安全举动或人的操纵、治理失误有关。所以,要消除物的隐患,消除物的不安全状态,就需要我们每一个人认真工作,负起自己的责任。不然,事故就不可避免。

2011年7月23日早上,安丰社区治保主任顾志斌在日常巡逻中,发现安丰街6号平台上的煤气管道安装有很大的问题。煤气管道和居民窗户之间距离很近,不利于防盗防偷。对于这样的安装,居民们也纷纷提出了自己的看法。顾志斌马上和物业、煤气公司进行了沟通,还与白云派出所进行联系。白云派出所的民警经过实地察看,也认定管道安装有问题。经过多方努力,最后,煤气公司答应全部管道安装完毕后,相关配套的防盗设施也会跟上。从而快速解决了社区内存在的不稳定因素,有效地消除了存在的安全隐患。

安全事故发生的直接原因,主要为两大类,即人的不安全行为和物的不安全状态。相对而言,物的不安全状态的整改,只要对存在的隐患能及时发现,按要求整改,一般来说容易消除,当然,对已存在的隐患整改虽已完成,新的隐患又会不断出现,这就要求及时查找,及时整改,时刻防范物的不安全状态,并全力消除这种不安全,才能真正全面防范事故,保证安全。

8.

经常检查,及时发现和清除隐患

安全检查是安全生产、消除隐患、杜绝事故的一项重要工作,很多未发生的事故,都是因为我们及时进行了安全检查,并发现和消除了安全隐患才有好的结果。

2011 年 11 月 14 日,乙烯厂烯烃联合车间 2010 年新分员工曹建斌及时发现装置漏点,消除了装置的安全隐患,避免了一起泄漏事故。

当天 18 时 30 分,曹建斌在碳四装置现场学习流程时,突然发现醚化罐区轻重组分罐 V－2004 液面计下法蓝面发生大量泄漏,泄漏物质为液态烃,并已结成大块冰霜,非常危险。曹建斌迅速返回外操间向班长汇报。班长立即和外操携带防爆工具赶往现场,同时向值班干部汇报,启动应急预案。

由于法蓝面泄漏较大,需要立即切断液面计。班长迅速命令内操密切注意轻重组分罐的外送量,保持进出量平衡。外操首先切断该液面计的上下引线阀,清理掉液面计下的大块冰霜,经过细心查找发现了两处漏点。经过近一个小时的紧急处理,终于将法蓝面紧固,消除了漏点。

兵法云"事未至而预图，则处之常有余；事既至而后计，则应之常不足"，经常性地安全检查，正是我们排查隐患、消除隐患的重要方法。只有这样，才能真正发现隐患，并及时整改，最终消除隐患，保证安全。

安全检查，不仅需要我们认真执行和持之以恒，更来不得半点虚假。实际上，有的单位忽视了安全检查工作的重要性，存在很大漏洞，让"隐患"有了栖身之地：一是检查人员缺乏责任心，检查马虎了事，只重形式，不重实效；二是"睁一只眼闭一只眼"老好人思想作祟，对检查出来的问题不敢说不敢管，怕得罪人，即使是现场发现的违章行为，也只是三言两语的教训而已，没有"痛"的处罚，违章人员得不到警醒；三是惯于"打雷不下雨"的形式主义做法，检查人员检查时怕苦累、嫌麻烦，不深入到生产作业一线，停留在检查的表面；四是未"对症下药"整改隐患。对发现的隐患不及时制定措施整改，或"隔靴搔痒"整改不到位、不彻底，留下"尾巴"。这样必然会使隐患抬头，事故发生。

隐患排查是安全预防的一个重要手段。排查中各部门要协同配合，紧密联动，共同构筑安全隐患的监控网。对发现的各种安全隐患及时采取教育管理措施，限时整改。并对查出的问题和隐患进行督察督办，直至问题及隐患得到控制和解决。

安全无小事，安全责任大于天。企业在日常工作中要能防患于未然，捉矢于未发，要在思想上引起足够重视，提前预警、提前做好防范和隐患排查工作，才能让民众放心出行、社会更安定和谐。

第九章
事故不难防，只要守规章

　　事故其实并不难防，只要守规章。为什么？因为规章制度、操作规程、劳动纪律都是经过无数次血的教训汇集而成的经验，只要严格遵守，谨慎执行，是完全可以防事故于未然，把一切损失和伤亡都消灭于无形。所以，对于员工而言，要安全，要杜绝事故，关键的关键，就在于守规章！

1.

防范事故必须坚守规章

"事故不难防,重在守规章"是无数鲜血淋漓的事故教训背后总结出的血的经验,是无数个默默无闻的勤劳工作者在无数个夜以继日的安全无事故运行后总结的宝贵经验,只有在日常工作中将每条规章,每则制度认真贯彻到每次作业施工时,才能杜绝事故发生,减少发生频率,即使是出现了事故也可以及时补救,及时将损失降到最低,将损失减少到最小。如果不能做到这一点,不能恪守安全规章,那么,事故就在所难免。

2004年3月4日4时50分,天山公司风井因工人违章清理淤炭,发生一起轨道运输事故,死亡1人。3月4日夜班,掘进一区工人吴某负责操作风井第二部皮带,由于吴某班中睡觉,造成大块煤炭卡在一部皮带机尾挡皮处,造成煤炭向两侧淤积,将皮带机东侧的轨道埋住,当吴某发现煤炭堆积影响轨道运输时,在没有给任何人取得联系的情况下,就擅自去二部机头清理淤炭,这时箕斗正在运行中,当箕斗运行到煤炭堆积处,吴某没能及时发现,被运行的箕斗撞倒,并拖行到上滑板,造成右脚骨折,头部严重受伤,经抢救无效当场死亡。

事故的直接原因是死者班中违规睡觉,没能很好地观察皮带运行情况,当发现煤炭堆积,影响皮带运行后,又没有与负责轨道运输的人员取得联系,盲目进入巷道内清理淤炭;皮带司机没有经过专业工种培训,平时也很少在此岗位操作皮带,缺乏现场实际经验。掘进一区当班班长孙某违章安排未经专业工种培训，无操作证人员开二部皮带，这是造成事故的重要原因。

可见，遵守制度、按章操作，才是预防事故的最重要的前提。无论是老工人还是新工人，是重要岗位还是普通岗位，是领导还是一般员工，任何时候都需要遵章守制、照章执行，才能真正保证安全。

很多企业都有极完备的安全制度，但制度的关键不在于制定，而在于执行。古语有云："天下之事，不难于立法，而难于法之必行；不难于听言，而难于言之必效"。制定制度、定出规范，并不难，难的还在于落实，在于是不是不折不扣地做到了。只要真正守规章，那事故就一定可以预防。

然而，有些企业制度定了成百上千条，走廊的墙上、办公室里到处都挂着各项规章制度，但真正在工作中坚持执行下去的却没几条，大多数只停留在书面上，落实不到行动上。

任何一项安全规章制度和安全规定，都是从血的教训中总结出来的，它也是符合科学管理规律的。人们一旦无视它，忽略它，不从中领悟，不提起警觉，不好好执行，事故当然就会毫不留情地教训你。

1984年3月31日，保定市石油化工厂渣油罐发生爆炸，波及相距20余米处的两个容积为1800立方米的汽油罐爆炸起火，造成16人死亡，6人重伤，炸毁油罐3个，烧毁渣油169吨、汽油111.7吨，直接经济损失450多万元，全厂被停产达两个多月。事故原因是没有严格执行安全制度。

1992年6月27日15时20分，通辽市油脂化工厂癸二酸车间两台正在运行的蓖麻油水解釜突然发生爆炸，设备完全炸毁，癸二酸车间厂房东侧被炸倒塌，距该车间北侧6米多远的动力站房东侧也被炸毁倒塌，与癸二酸车间厂房东侧相隔18米的新建药用甘油车间西墙被震裂，玻璃全部被震碎，钢窗大部分损坏，个别墙体被飞出物击穿，癸二酸车间因爆炸局部着火。这次事故共死亡8人，重伤4人，轻伤13人，直接经济损失36万余元。事故原因没有严格执行安全制度。

2005年11月27日21时22分许，黑龙江省龙煤矿业集团有限责任公司七台河分公司东风煤矿发生特大爆炸事故，造成

171人死亡，48人受伤，直接经济损失4293.1万元，经国务院事故调查组认定为煤尘爆炸事故，属责任事故。事故原因是：东风煤矿275皮带道及井底煤仓没有实施正常的洒水消尘，长期违规放炮处理煤仓堵塞，特殊工种作业人员无证上岗现象严重，没有认真执行人员升、入井记录和检查等安全制度。

这三起重大责任事故都有一个醒目的共同点——没有严格执行安全制度，其实仔细分析许多重大安全事故的发生，并不是由于少法律、缺规章、无制度所致，而是少措施、缺管理、无落实、不执行的原因所为。不是吗？不少单位和企业，把安全制度当"装饰品"贴在墙上，把安全规章做"框框"挂在墙上，目的是为了对照执行，预防事故，而是为了应付检查，搞形式主义，做表面文章。对全工作说起来重要，用起来次要，干起来不要，出了事故后又觉得必要；对安全规章，说起来是那么一回事，忙起来又忘了那么一回事，出了事又想起那么一回事。规章制度不狠抓贯彻落实，不认真执行，不出事故才怪呢。

所以，提高安全管理水平，消除制度执行缺陷，清除安全生产隐患，抓好制度的执行是至关重要的。

标语、口号、警语、格言，仅仅起个警示，告知的作用，只有把它放在心头，行在实践中，方能避免事故的发生，不要等到事故发生时才追悔莫及，那时一切就都晚了。所以，任何时候我们都应当坚守住一条：坚守规章！

2.

"零"违章才能"零"事故

违章就会引发事故，守章才能保障安全。所以，只有做到"零"违章，才能保证"零"事故。这是被无数优秀的员工证实过的防范事故的"真理"。浙江温岭一位普通的驾驶员舒幼民，开车31年无一起违章，更无一起事故：

> 已经53岁的舒幼民，是温岭客运站的一名快客驾驶员。因为个子1.9米高，人称"长人师傅"。30多年来，他的日子被方向盘"拴"着，却以雷打不动的职业习惯，书写着神话般的业绩——开车31年，无一次违章记录；行车里程270多万公里，从未出过一次交通事故；温岭至杭州一个来回，节油30公升左右，年均节油8000多公升……他得过全国五一劳动奖章等多个荣誉，但最引以为豪的是，连续20年被评为"台州市先进驾驶员"称号。他说，"安全"两字重千斤。
>
> 在舒幼民眼中，车子就是他生命的一部分。"车子是有感情的伙伴，你对它好，它就服你，听你的话。"这是舒幼民常说的一句话。
>
> 正是爱车如命，每天出车前，他总是提前一两个小时到站，除了将车内打扫得干干净净外，还要敲敲轮胎，试试灯光，测一下发动机。
>
> 同样是出车回来，别的司机通常只让修理厂的师傅来检修车辆，自己只管第二天开车就行了，可他非得亲自检查一遍不可。似乎只有这样，他的心里才踏实。
>
> "其实，汽车出站——中途——到站'三检查'是制度规定，我只不过是自觉遵守，决不走样罢了。"舒幼民说，制度和规则就像铁的纪律，必须严格遵守，否则，安全行驶就得不到保障。
>
> 有关驾驶员的规章制度和交通规则很多，其中一条最重要的规则就是不得违章驾驶。"这一条看起来容易，真正做起来很难。"对此，几乎所有驾驶员都有切身体会。
>
> 但很难的事，舒幼民做到了。他从事司机职业31年来，行驶里程达270多万公里，相当于绕赤道70圈，没有一次违章行驶，没有发生过一次交通事故。
>
> "实在太难得了，简直不可思议。"在舒幼民供职的浙江畅达运输公司客运分公司，他的同事们都叹服之至。

　　"安全行驶是我的职责,也是我的最高追求。我每天出车,都把自己当作一名新手上路,把'安全'两字铭刻心头,严格按照路标指示,控制车速,时时小心,步步谨慎。每次把客人平安送到目的地,都有一种成就感。"舒幼民说。

　　在温岭,许多人不知道舒幼民的名字,但一提起"长人师傅",知名度就高了。有些旅客到杭州,一定要乘他的班车,他们说,坐"长人师傅"开的车安全、放心。

　　正是因为"长人师傅"的"零"违章,才有了"零"事故的奇迹记录!

　　前面我们说过,违章是事故之源,违章是伤亡之因,违章也是损失之由。没有违章则一切太平,一旦违章,事故就难以避免。所以,只有做到"零违章",我们才能保障"零"事故,才能保证安全。

3.

只要严守规章,事故就能预防

　　违章是安全最大的敌人,是事故最大的诱因,也是伤亡和损失最大的祸根,要想安全,就绝对不能有违章。因为只要有违章就会有伤亡,就会有事故,就会有数不清的伤痛,流不尽的泪水。

　　1986年6月某日,某卷烟厂发生火灾,卷烟一、二两个车间,烘支房的机器设备、产品等物资被烧坏、烧毁,员工3人遇难,5人烧伤。烧坏国产卷烟机36台,进口卷烟机1台,接嘴机3台,包装机4台,两个车间的动力照明设备、吊顶和隔墙全部烧光,烧毁8个牌号的成品、半成品香烟229箱。调查发现,这场火灾的直接原因,是某职工违章吸烟,扔下的未掐灭的烟头引燃一车间内用胶合板修建的废烟末房中的废烟末、废纸，火焰窜上车间的纸板吊顶，致使火势蔓延，酿成大火。

这次事故导致直接经济损失56.4万元。而间接损失更是惊人，三名遇难员工的家庭破碎，给三个家庭带来永远无法弥补的伤痛；其后续的赔偿和补助，5名烧伤人员的医疗费用，还有他们承受的痛苦更是无法估量；火灾致使工厂停产三个月，损失惨重；重新购置机器、修缮房屋、安装机器的费用、烧毁的成品只能延期交付的赔偿费用远远超过五十多万元……

违章不一定发生事故，但事故必是违章所为造成的。违章是发生事故的起因，事故是违章导致的后果。根据对所有的事故原因进行的分析证明，几乎所有的事故都是由于违章而导致的，只有极小一部分才是是因为自然灾害等其他不可预见的因素造成的。特别是一些危险性相对较低的行业所发生的各类事故分析结果来看，近乎100%的事故是由违章引起的。事故带来的影响是深远的，损失是难以估量的。

2004年11月11日，东莞万成制药有限公司组织人员清理该厂已停用两年多的两个11连的环保污水池，作业人员往池中灌水时，由于水泵放得不正，1人下池扶正水泵时中毒昏倒在池底，随后又有数人下去救人被毒倒，事故共导致9人中毒，其中4人死亡、3人重伤、2人轻伤。现经调查，初步认定池内的硫化氢、甲烷等气体浓度较高，作业人员由于缺乏安全常识，无现场指挥，违章作业，事故抢救不当，从而导致中毒事故的发生。

紧接着11月12日，河源市连平县穗连钢铁有限公司1号炉锻铸时加入的废铁中混有密封管，密封管受热爆炸，产生巨大冲击波，热钢水溅出，导致2人死亡、4人重伤、4人轻伤。事故也是由于从业人员，不按章操作，违章违纪引起的。

接连发生的两次事故，造成重大的人员伤亡和财产损失，原因无一例外都是违章。违章就是事故的源头，就是伤亡的祸根，就是损失的元凶！

违章不除，安全就不会有保障；三违不反，生命就难以得安全！不能杜绝违章,事故就永远不会消失!

1999年3月20日,某煤矿中采六井当班人员执行施工探巷,正常进尺的生产任务。在打完第二遍炮眼,放完炮后,局部通风机停风,开始出煤,煤快出完时,一名工人违反劳动纪律在井下点火吸烟引起瓦斯爆炸,造成死亡5人,伤2人。

经事故调查组的调查认定:事故的直接原因是该探巷工作面停风,造成瓦斯积聚,工人吸烟引起瓦斯爆炸。该矿井管理混乱,没有正规的机械通风系统,井下局部通风机随意关停,没有配备专职瓦检员,瓦斯管理失控;矿井以包代管,忽视安全管理,未执行入井检身制度,使工人经常带烟、带火入井;该矿招收工人不经培训就上岗作业,导致工人安全素质低,防护意识差。这是典型的"三违"事故。

1999年3月27日,某矿业公司某煤矿的工人在工作面机尾处移动运输机、移架子和维护顶板时,发生煤尘爆炸,共死亡17人、重伤7人、轻伤27人。事后经事故调查组查明:事故的直接原因是由于放炮员违章放糊炮崩大矸石而引起煤尘爆炸事故;而放糊炮时跟班的区长、安监员都在现场,却未予制止;炸药管理混乱,领退炸药的制度不落实,这些都暴露出安全管理和监督检查不力,这也是造成这次事故的重要原因。

"三违"不反,事故不断,像这样因为"三违"而导致死伤的事故实在是数不胜数。违章事故一旦发生,不仅会带来巨大的损失,如人员的伤、残、亡和财产、人力、物力、劳动时间的浪费,造成对生产的重大影响,使生产发展停滞,企业受罚关停,更会造成无数个生命无辜断送,无数个老幼承受生离死别的伤痛,无数的幸福和欢乐刹那间化为乌有!

违章就是事故最大的源头。只要我们一天没有杜绝违章行为,事故就一天不会停歇。所以,要想安全,要想减少事故的发生,要想享受生命的美好,追求生活的质量,就一定要杜绝违章,全面反违章。

4.

时刻自律，用高度的纪律性杜绝事故

遵守规章，究其实就是一个纪律性的问题。只有一个遵守纪律、有高度纪律性的员工，才能真正保证自己遵章守纪，严守规章，来格按照安全规程来工作，才能不越规不逾矩，根除"三违"，杜绝事故。

自律，也就是自我克制、自我约束，也就是一个人任何时候都把制度放在心中，以制度为准绳，克制自己的一切欲念，约束自己的一切行为，自觉自愿，自动自发地遵守规定，使自己任何时候都不越规不逾矩，并且自觉地把遵章守制当成一种习惯。

　　兰费蒂斯是美国的一位著名的建筑师，十一岁的时候，詹姆斯和他的家人住在湖心的一个小岛上。这里，房前的船坞是个钓鱼的好地方，父亲是个钓鱼高手，小詹姆斯从不愿放过任何一次跟父亲一起钓鱼的机会。

　　那一天正是钓翻车鱼的好时机，按照当地的规矩，从第二天凌晨起就可以钓鲈鱼了。傍晚，詹姆斯和父亲在鱼钩上挂上蠕虫——翻车鱼最喜欢的美食。詹姆斯熟练地将鱼钩甩向落日映照下的平静湖面。

　　月亮渐渐地爬出来，银色的水面不断地泛起静静的波纹……突然，詹姆斯的鱼竿猛地被拉弯了，他马上意识到那是个大家伙。他吸了一口气使自己镇静下来，开始慢慢地遛那个大家伙。父亲一声不响，只是时不时地扭过脸来看一眼儿子，眼光里是欣赏和赞许。

　　两个小时过去了，大家伙终于被詹姆斯遛得筋疲力尽了，詹姆斯开始慢慢地收钩。那个大家伙一点点的露出水面。詹姆斯的眼珠都瞪圆了：我的天哪，好大一条鱼，足有 10 公斤！这是他见到过的最大的鱼。詹姆斯尽力压抑住紧张和激动的心情，仔细地观看自己的战利品，他发现，这不是翻车鱼，而是一条大鲈鱼！

父子俩对视了一下，又低头看着这条大鱼。在暗绿色的草地上，大鱼用力地翻动着闪闪发亮的身体，鱼鳃不停地上下扇动。父亲划着一根火柴照了一下手表，是晚上十点钟，离允许钓鲈鱼的时间还差两小时！

父亲看了看大鱼，又看了看儿子，说："孩子，你得把它放回水里去。"

"爸爸！"詹姆斯大叫起来。

"你还会钓到别的鱼的。"

"可哪儿能钓到这么大的鱼呀！"儿子大声抗议。

詹姆斯向四周望去，月光下，没有一个垂钓者，也没有一条船，当然也就没有一个人会知道这件事。他又一次回头看着父亲。

父亲再没有说话。詹姆斯知道没有商量的余地了，他使劲地闭上眼睛，脑中一片空白。他深深地吸了一口气，睁开了眼睛，弯下腰，小心翼翼地把鱼钩从那大鱼的嘴上摘下来，双手捧起这条沉甸甸的、还在不停扭动着的大鱼，吃力地把它放入水中。

那条大鱼的身体在水中嗖地一摆就消失了。詹姆斯的心中十分悲哀。

这是三十四年前的事了。今天的詹姆斯已经是纽约市一个成功的建筑设计师，他父亲的小屋还在那湖心小岛上，詹姆斯时常带着他的儿女们去那里钓鱼。

詹姆斯确实再也没有钓到过那么大的鱼，但是，任何时候都自觉自律，遵守规定的习惯，从那一天晚上就已经深入到他的骨髓里了。他知道，他今天的成就，正是缘于他自律自制。

自律，说白了是一种自觉，一种对自己负责、对别人负责的自觉。安全最需要就是这种自觉，这种自律自制、遵守安全制度的意识。不管是管理人员还是一线员工，在安全工作中都应具备这种自律意识，才能保证安全。

这种自律意识，包括在安全工作中思想言行的自律和权力责任的自律。首先在思想上要提高认识，培养安全工作的自觉性，始终坚持安全第一、预防为主、综合治理的方针。其次在行为上要以身作则，要勇于承担责任，对属于自己范围内的事情，坚决杜绝违章违纪现象，不仅要敢抓、敢管、敢于承担责任，而且要负全责、负总责。绝不能以"超脱"为由，不负责任。另外，还要经常自我解剖，每一阶段工作完成后，都要认真总结经验教训，检查反思自己在工作中的得与失，始终在安全工作中保持清醒的状态。

事故不难防，重在守规章。而守规章的关键，又在于自律，在于自觉，在于自动自发、自觉自愿地把纪律作为自己的行为准则，把制度作为自己的理念圭臬。只有这样，才能真正全面消除事故，保障安全。

附 录

预防事故、遵守规章的警语格言 100 则

1. 居安思危,常备不懈。
2. 小虫蛀大梁,隐患酿事端。
3. 安全来自长期警惕,事故源于瞬间麻痹。
4. 长堤要防老鼠洞,大树要防蛀心虫。
5. 只有防而不实,没有防不胜防。
6. 走平地,防摔跤;顺水船,防暗礁。
7. 无事勤提防,遇事稳如山。
8. 绿叶底下防虫害,平静之中防隐患。
9. 宁可千日不松无事,不可一日不防酿祸。
10. 船到江心补漏迟,事故临头后悔晚。
11. 常添灯草勤加油,常敲警钟勤堵漏。
12. 抓基础从小处着眼,防隐患从小处着手。
13. 多看一眼,安全保险;多防一步,少出事故。
14. 沾沾自喜事故来,时时警惕安全在。
15. 只有大意吃亏,没有小心上当。
16. 毛毛细雨湿衣裳,小事不防上大当。
17. 苍蝇不叮无缝蛋,事故专找大意人。
18. 治病要早,除患要细。
19. 抽一块砖头倒一堵墙,松一颗螺丝断一根梁。
20. 病魔乘体虚而入,灾祸因麻痹而生。
21. 安全行车几万里,事故就在一二米。
22. 灾害常生于疏忽,祸患多起于细末。

23. 只有麻痹吃亏,没有警惕上当。

24. 不以规矩,不能成方圆

25. 条条规程血染成,不要用血来验证。

26. 发展是硬道理,安全是命根子。

27. 变要我安全,为我要安全。

28. 高产贵在连续,安全贵在坚持。

29. 挂钩不检查,容易放大滑。

30. 嘱亲人遵章作业,盼归来幸福团圆。

31. 隐患猛于虎。

32. 宁可听到骂声,绝不听到哭声。

33. 违章是事故的根源。

34. 安全不抓只看,等于养虎为患。

35. 安全警钟天天响,违章指挥你别想。

36. 班前常喝酒,事故时时有。

37. 靠前指挥法得当,不打安全糊涂仗。

38. "三违"不反,事故难免;一时麻痹,终身残疾。

39. 安全就是生命,安全就是效益,安全就是幸福。

40. 千条路,万条路,迈好安全第一步。

41. 工作上宁可千日紧,安全上不可一时松。

42. 安全天天讲,工作记心上,遵章又守纪,平安回家去。

43. 工作一马虎,就会出事故,经济受损失,个人受痛苦。

44. 小心无过火,大意酿灾祸。

45. 安全连着你我他,防范事故靠大家。

46. 人无远虑,必有近忧。

47. 习惯性违章等于慢性中毒。

48. 做好安全,幸福一生。

49. 天天讲安全,福乐在身边。

50. 严是爱,松是害,不管不问害三代。

51. 小事要当真,大事要细心。

52. 大事不糊涂,小事不马虎。

53. 慌时易受挫,乱中易出错。

54. 急躁越多,智慧越少。

55. 手到心不到,事情办不好。

56. 管理上六亲不认,情感上亲如兄弟。

57. 只要上岗,集中思想。

58. "三违"不反,事故难免。

59. 没有忧患意识,是最大的忧患。

60. 安全不是别人讲出的,而是自己做出来的。

61. 只要来上班,安全第一关。

62. 只要思想不滑坡,办法总比困难多。

63. 干活不惜力,安全不走神。

64. 安全是对生命的延续,违章缩短人生的距离。

65. 诚实守诺,居安思危。

66. 生产不忘安全,工作确保质量。

67. 安全是天字号工程。

68. 安全上一丝不苟,质量上毫厘不差。

69. 家庭要幸福,安全为保证。

70. 工作不能凑合,安全不能马虎。

71. 信号一响集中思想,工作再忙不忘道档。

72. 身在井下不忘妻儿老小,搞好安全才能全家幸福。

73. 开开心心生活,平平安安工作。

74. 关注安全,珍爱生命。

75. 安全质量严把关,职工收入年年翻。

76. 上班不违章,下班睡得香。

77. 今天不要安全,明天就丢饭碗。

78. 在岗一分钟,安全六十秒。

79. 一人安全,全家幸福,人人安全,全矿美满。

80. 施工措施不兑现,事故发生在眼前。

81. "三违"残酷无情,安全温暖无比。

82. "三违"像弹簧,你弱它就强。

83. 隐患面前无绿灯。

84. 安全天天讲,隐患时时防。

85. 世界上没有不劳而获的果实,安全要付出辛勤的汗水。

86. 安全幸福百年,违章祸在旦夕。

87. 安全是生命的保证,身体是工作的本钱。

88. 忽视安全,后悔一生。

89. 实实在在去工作,时时刻刻要安全。

90. 一人违章,众人遭殃。

91. 严是爱,松是害,松松垮垮招祸害。

92. 违章违纪不狠抓,害人害己害国家。

93. 绊人的桩不在高,违章的事不在小。

94. 你对违章讲人情,事故对你不留情。

95. 与其事后痛哭流涕,不如事前遵章守纪。

96. 狼咬离群羊,祸找违章人。

97. 遵章是安全的先导,违章是事故的预兆。

98. 糊涂人办事靠侥幸,聪明人办事凭章程。

99. 气泄于针孔,祸始于违章。

100. 安全靠规章,严守不能忘。